转基因
科普书系

"十三五"国家重点图书出版规划项目

U0349453

转基因番木瓜
TRANSGENIC PAPAYA

「 李华平　主编 」

中国农业科学技术出版社

图书在版编目（CIP）数据

转基因番木瓜 / 李华平主编 . —北京：中国农业科学技术出版社，2019. 1
（转基因科普书系）
ISBN 978-7-5116-3969-1

Ⅰ . ①转… Ⅱ . ①李… Ⅲ . ①转基因技术－应用－番木瓜 Ⅳ . ①S667.9

中国版本图书馆 CIP 数据核字（2018）第 289981 号

策　　划	吴孔明　张应禄	
责任编辑	张志花	
责任校对	马广洋	

出 版 者	中国农业科学技术出版社
	北京市中关村南大街12号　　邮编：100081
电　　话	（010）82106636（编辑室）　（010）82109702（发行部）
	（010）82109709（读者服务部）
传　　真	（010）82106631
网　　址	http: // www.CASTP.cn
经 销 者	各地新华书店
印 刷 者	北京科信印刷有限公司
开　　本	787mm×1 092mm　1/16
印　　张	7.75
字　　数	110千字
版　　次	2019年1月第1版　　2019年1月第1次印刷
定　　价	36.00元

ABSTRACT／内容简介

　　本书以商品化生产的我国转基因番木瓜和美国转基因番木瓜为主要案例，系统全面介绍了番木瓜的营养价值、用途和生产史，为害番木瓜的主要病毒病害，转基因番木瓜的研发过程，转基因番木瓜的环境安全性评价和食品安全性评价，以及转基因番木瓜的产业化生产和消费等。试图从科普性、知识性和专业性的角度，较为全面、客观地揭示转基因番木瓜的"前世和今生"，以便读者从中获得对转基因番木瓜的研发、生产、监管和消费，尤其是安全性评价等相关信息和系列疑问的解答。

　　该书作为"转基因科普书系·第二辑"的一部分，可供对"转基因技术"关心和感兴趣的读者阅读，也可供高等院校的农业、生物类等相关专业的师生、农业科研院所工作者和基层推广技术人员阅读参考。

番木瓜是一种周年挂果、连续采收的多年生热带水果，广泛种植于热带、亚热带国家和地区，在我国素有"岭南佳果"之美称，主要种植于广东、海南、云南、广西、福建和台湾等南方省区。目前仅有我国和美国商品化生产抗病毒转基因番木瓜。美国生产的番木瓜主要在美国、加拿大和日本等国消费，而我国生产的番木瓜主要在我国境内消费，是果、菜和药用兼优的果品和天然原材料。主要用于水果鲜食，也作菜用，如与鱼翅、雪蛤、鸡肉等作为炖盅而成为酒宴上品；也可加工成果脯、果汁、果酒和果浆等优质食品；同时番木瓜乳汁所产生的多种天然生物蛋白酶，可广泛应用于抗癌、治疗胃炎、降尿酸、增强免疫力等医学以及食品、美容、皮革和造纸等众多领域。

番木瓜生产栽培上有一种毁灭性的植物病毒病害，该病害是由一种植物病毒，即番木瓜环斑花叶病毒所致。该病毒可侵染所有的番木瓜品种，导致优质水果型番木瓜品种在田间100%的产量损失。为了解决该问题，美国和我国分别通过不同的转基因技术获得了高抗当地病毒分离物的转基因番木瓜不同品种，并分别于1998年和2006年获得各自政府批准进行商品化生产以及供应市场消费。由于转基因番木瓜品种高度抗病，且质优高产，同时极大地减少了防控该病的化学农药的应用，不仅减少了环境污染和果品的农药残留，保障了食品安全，而且极大地减少了种植成本。因此转基因番木瓜一经推出便迅速占领了番木瓜种植和消费市场。目前转基因番木瓜已占整个番木瓜消费市场的90%以上，且已分别在美国、加拿大、日本和我国消费时间持续长达10~20年。

伴随着转基因番木瓜的研发、商品化大面积种植和市场销售，人们对转基因番木瓜的关注也随之上升。对包括转基因技术、转基因番木瓜的研发、生产以及安全性等系列疑问摆在了人们的面前。如为什么要做转基因番木瓜的研发？其研发过程是怎样进行的？转基因番木瓜与传统番木瓜有何区别？种植转基因番木瓜是否会对环境有影响？食用转基因番木瓜是否安全？政府如何审批和监管？消费市场如何？等等。为了解答这些疑问，我们组织国内长期从事番木瓜研究及转基因植物研发和安全性评价的部分专家编写了这本书。本书内容主要以商品化生产的美国夏威夷转基因番木瓜和我国转基因番木瓜为主要案例，较系统全面地介绍了番木瓜的用途和生产史、为害番木瓜的主要病毒病害种类、转基因番木瓜的研发、转基因番木瓜的环境安全性评价和食品安全性评价以及转基因番木瓜的产业化和消费等。试图从科普性、知识性和专业性的角度，较为深入和全面地揭示转基因番木瓜的"前世和今生"，让读者从中获得对转基因番木瓜系列疑问的答案。

参加本书编写的有李华平（第四章、第五章、第六章）、周鹏（第二章、第三章）、李世访（第一章、第三章、第六章）及其相关团队成员。全书书稿完成后，由李华平负责统稿和校订。为了增加可读性，还邀请了华南农业大学植物病毒研究室的部分师生先行试读，征求意见。在本书编写过程中，中国农业科学技术出版社张应禄社长、总编辑给予了热心的支持和指导，并对书稿进行了细致的审核，谨此一并致以衷心的感谢。

本书可作为转基因作物科普阅读书，也可作为相关农业和生命学科院校的师生、农业科技人员的技术参考书。由于编写时间仓促，编者水平所限，书中难免有错漏之处，敬请读者批评指正。

李华平

2018年7月23日

CONTENTS / 目录

第一章　番木瓜的用途和生产史

第一节　番木瓜的用途和价值

　　番木瓜（*Carica papaya* L.）又称木瓜、乳瓜、万寿果，为热带、亚热带常绿软木质大型多年生草本植物（图1.1）。番木瓜可直接鲜食，果皮光洁美观，果肉细腻多汁，味道香甜可口，被誉为"水果之王"。番木瓜营养价值极高，它特有的番木瓜碱具有降血压、降尿酸、抗肿瘤、抗菌、抗寄生虫和增强免疫力等作用；它独有的木瓜蛋白酶能促消化、健胃消食；它的木瓜酵素通过分解脂肪促进新陈代谢，具有润肠通便，排毒养颜的功效。此外，番木瓜富含多种维生素、氨基酸及钙、铁、磷、钾、钠、镁等营养元素，深受我国广大消费者喜爱。在美国被评为营养最佳的10种果品之首。据报道，2011年世界卫生组织公布，番木瓜取代苹果成为健康食物排行榜的第一位。

　　番木瓜用途广泛，除了鲜食外，生果还可作为蔬菜，与肉类一同烹煮，可做成果泥、果脯、果酱和罐头等加工品。番木瓜种子可榨油，根茎叶含有丰富的淀粉，是理想的猪饲料。此外，它还有特别和较高的药用价值，也是一种制造化妆品的上乘原料，具有美容增白的功效，深受民众喜爱。

图1.1　种植田间的番木瓜植株（李华平供图）

一、食用价值

番木瓜果实形状为椭圆形或梨形，果皮薄，果肉厚，口感润滑香甜，未成熟果为青绿色，成熟后为橙黄或红色，成熟果是老少皆宜美味香甜的水果。在我国南方地区，番木瓜还被当作菜肴端上餐桌，既可做成酸爽可口的凉菜，也可做成滋补养生的上等汤品，当与牛肉一块煮食时，可使肉质软嫩滑脆，易于消化，口感鲜美。

二、保健价值

（一）催乳佳品

据《现代实用中药》介绍，未熟果液，治慢性胃炎和消化不良，并为优质营养品，也是首选的发奶剂。生活中，可将番木瓜果肉、鲫鱼、牛奶小火慢煮，是产妇促增奶液的良方（叶橘泉，1959）。

（二）美容养颜

未成熟的番木瓜含有丰富的水解蛋白酶类，能够阻止肌肤黑色素的形成，其含有的天然果酸可以软化角质，分解消化老死的皮肤细胞，且对新生皮肤无危害，从而达到消痤疮、去雀斑、除疤痕的功效。市场上热卖的美白面膜、洗面奶等护肤化妆品皆是利用这一卫生安全的天然材料所制成，若长时间使用这类化妆品，可使肌肤白嫩、具光泽、有弹性、抗皱纹。

（三）增强人体免疫力

成熟的番木瓜果肉呈黄色或红色，红色果肉主要含有番茄红素，而黄色果肉含有大量胡萝卜素、类胡萝卜素，在增强人体免疫力、清除体内自由基等方面有着突出功效。类胡萝卜素可调节细胞的生长、基因的表达以及免疫反应以达到抗癌目的；胡萝卜素在体内可转变成维生素A，有助于增强肌体的免疫功能，在预防上皮细胞癌变的过程中具有重要作用。维生素E、维生素C及微量元素锌对自由基都有一定的抑制作用。人体在新陈代谢过程中所产生的自由基会对肌体的蛋白质、脂肪、核酸等产生一定的损害，如不及时清除，就会损伤细胞组织，诱发变异而产生畸形细胞，加速肌体衰老并导致疾病。正因如此，当今番木瓜迅速走俏中外保健食品市场，得到越来越多学者和大众消费者的广泛关注。

（四）健脾消食

番木瓜中的木瓜酵素与其他食物中的酵素不同，其最大的特性是可以将脂肪分解为脂肪酸，有助减肥。研究发现，木瓜酵素能消化比本身重35倍的蛋白质，有利于人体对食物进行消化和吸收，故有健脾消食之功效。在民间常加肉炖食木瓜果作为滋补佳品，但是木瓜酵素在55℃高温下就已被破坏，无法达到预期之食疗效果。肠胃不好的人食用番木瓜的最佳方法就是饭后一小时饮用生榨的木瓜酵素汁，如台湾市场木瓜牛奶是上佳饮料，也可将酵素含在舌根下，慢慢吞咽，能刺激神经，促进循环（刘思等，2007）。

三、药用价值

（一）治疗腰椎间盘突出

番木瓜中的凝乳蛋白酶是治疗腰椎间盘突出的天然特效药。将该酶注入退变突出的椎间盘内，通过消化髓核内的蛋白多糖，使得突出的椎间盘变小，从而缓解腰椎间盘突出导致的腰腿疼痛。该方法已经在欧美发达国家应用于临床研究，与传统手术治疗椎间盘突出相比较，具有费用低、创伤小、并发症发生率低和不易复发的优势。此外，番木瓜还可以治疗风湿引起的关节疼痛，舒筋活络祛风除湿，对发展医药业意义重大（凌兴汉，吴显荣，1998）。

（二）抗菌和抗寄生虫

番木瓜碱在试管内对结核杆菌（H37RV）稍有抑制作用；叶和根有很微弱的抗菌作用，而叶柄无效。也有人证明叶及浆汁无抗菌作用，而种子、果实及根有一定的抗菌作用；抗菌成分的最好溶媒是丙酮；含量有季节差异。果实之浸膏稍能延长感染病毒之鸡胚生存期。该植物各种浸膏整体试验时均无抗疟作用。番木瓜碱有杀灭阿米巴原虫的作用，临床应用其盐酸盐皮下注射亦有效。浆汁及木瓜蛋白酶用于驱除绦虫、蛔虫及鞭虫等有效。后者的杀蛔虫作用已经实验证明。从种子中分离出的异硫氰酸苄酯有驱蛔作用，而且除局部刺激外无任何毒性。

（三）抗肿瘤作用

番木瓜碱具有抗淋巴性白血病细胞（L1210）的强烈抗癌活性和抗淋巴性白血病及EA肿瘤细胞的适度活性。

（四）降尿酸作用

研究报道，番木瓜浆汁中的蛋白酶具有明显的降尿酸作用。目前不少人用番木瓜生果肉切片加水煮 20 分钟后，加茶叶再煮 5 分钟，持续当茶喝，可明显降尿酸、治痛疯。

第二节　番木瓜的生物学特征

一、生物学特性

番木瓜是属于双子叶植物纲、五桠果亚纲、番木瓜科、番木瓜属、番木瓜种的热带水果，主要分布于世界热带、亚热带地区。番木瓜是速生丰产的常绿草本果树，种植后一年内便可挂果。通常定植2个月后开花，6~8个月可收果。其茎干直立向上，分枝少，高达8~12m，树干中空，有乳汁。叶痕粗大呈螺旋状排列，叶大似掌，单生，呈羽状分裂，通常有5~7深裂或7~9深裂，叶片顶端簇生，直径40~80cm；叶柄中空，长60~100cm。雄花圆锥形花序，花瓣乳黄色，花萼绿色，花冠5裂呈细管状，雄蕊长短各5枚，子房退化。雌花着生于叶腋，花瓣黄色或黄白色，单生或几朵组成伞房花序，子房卵圆形，5个花柱，柱头数裂似流苏。植株因不同花性又分为雄性株、雌性株、双性株。果实性状差异较大，雌花果多呈正圆形，可天然单性结实，两性果多长圆形、椭圆形、梨形、牛角形。果皮在成熟过程中由绿色变为黄色或橙黄色，表面光滑，果肉肥厚多汁，呈黄色、红色或橙黄色，果实横剖面的中央有五角形空腔，内壁丛生黑色种子，外种皮肉质，内种皮木质，有网状突起。普通品种果实长10~30cm，单果重1.0~2.5kg，有的品种结的巨型果可达4kg以上。雄性株只开花，不结果。

番木瓜可周年开花结果。喜炎热的气候，生长适温为26~32℃，产地年平均温度达到22~25℃。当气温降到10℃左右，植株生长受到抑制，5℃时，植株的幼嫩器官受到损害，0℃时，植株开始枯萎死亡。气温超过35℃时会出现两性株趋雄现象，或落花落果严重。番木瓜适应性广，喜湿润多雨环境，土壤含水量应保持在最大持水量的70%，适栽于土质疏松、土层深厚、肥沃、微酸性的土壤，但忌大风、积水、霜冻、低温（周鹏，彭敏，2008）。

二、繁殖技术

番木瓜繁殖可采用扦插、嫁接、组织培养和种子繁殖等多种形式。转基因番木瓜多采用组织培养快繁方式（图1.2），而传统的非转基因番木瓜则主要以实生苗繁殖为主。

（一）转基因番木瓜种苗

由于番木瓜有雌株、雄株、两性株之分，花性又有雌花、雄花和两性花之分，而商品果主要由两性株中的两性花产生，因此为了获得具有两性花的植株，转基因番木瓜植株主要通过组织培养的方式来进行种苗生产。

首先设置田间种苗圃，在种苗圃中种植抗病转基因番木瓜。在生产季节观察植株长势、园艺性状、产量和品质等特征。选择优良单株（具两性花、果形美观、产量高、品种优的植株），采集其叶芽外植体消毒获得无菌芽，再通过芽繁、生根、炼苗后，用于田间种植。

由于转基因番木瓜种苗通过工厂化的组织培养方式生产，因而能保证种植田间的植株均是具有两性花的优良单株，这样保证了番木瓜质优高产。

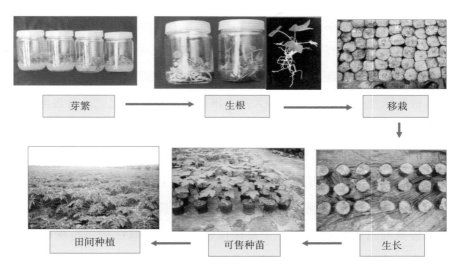

芽繁 → 生根 → 移栽

田间种植 ← 可售种苗 ← 生长

图1.2　转基因番木瓜'华农1号'种苗工厂化的生产流程（李华平供图）

（二）传统番木瓜种苗

健壮、丰产、抗病、适应性强的优良品种通常经过群体筛选、株选、果选和苗选等多个流程层层筛出。制种以雌株或双性株为母本，双性株作父本，获得雌性或者双性的后代。

催芽：选择饱满成熟的种子进行消毒，先用70%甲基托布津可湿性粉剂500倍液浸泡半小时，清水洗净，再用10%小苏打溶液浸泡7小时左右，再次清水洗净。34℃温度下保湿催芽，露白后即可播种。

育苗：在穴盘中装入富含有机质的营养土，提前喷洒70%甲基托布津可湿性粉剂500倍液进行土壤消毒，每穴播种2~3粒，当苗长至4、5片叶时，喷施01%~0.5%的氮磷钾复合肥，7~9片真叶时可进行定植。

定植：在晴天傍晚，挑选节间短，主干粗壮，侧根发达，叶片宽厚的植株移栽到潮湿疏松的农田和坡地中，行间距为2.5m×2.0m，1hm²栽种2 300株左右。定植前使用石灰粉将土壤pH值调为5.0~6.7，定植穴大小约为50cm³，每穴栽2株。填土压实，灌溉定植水。为了防止病害发生，每7天喷洒一次70%甲基托布津可湿性粉剂500倍液。

肥水管理：番木瓜由于生长迅速，需肥量大，除了常见的氮磷钾外，还需要足量的硼、铁、锌、钼、铜等微量元素才能完成营养生长到生殖生长的转变。因此生产中在施足基肥的基础上，还需定期追施速效肥。通常在定植完成当植株恢复生长后，每隔10天左右淋施水肥或干施化肥，并逐渐增加磷钾肥用量，花蕾期和坐果期适量补充硼肥。果实膨大期可根据叶片颜色和土壤肥力，本着前期供给后期控制的原则进行肥水调控。

花果管理：番木瓜叶芽顶端优势明显，为了保证充足的养分和水分供给，生产中要及时清除侧芽，以保证顶芽的生长和质量。并且要根据市场消费趋势及时进行疏花疏果，主要保留较为畅销的双性果，每株树保留25个果左右。为了提高果实的外观品质和商品价值，需在果实鸡蛋大小时进行套袋处理，在保证透气宽松的基础上通常选择油纸袋。

病虫害防治：番木瓜生长过程中常见的病害有根腐病、白粉病、霜疫病、白星病、炭疽病、疮痂病、番木瓜病毒病等，其中番木瓜环斑病毒病是番木瓜的毁灭性病害，在世界各主产区均有发生，我国南部和西南部该病的发生趋势日趋严重。常见的虫害有番木瓜圆蚧、粉蚧、红蜘蛛、蚜虫、地老虎等，此类病虫害的发生与田间管理水平相关，有效的防治措施有：种植抗病品种；注重田间卫生，及时清除病株烂叶；适量喷施杀菌剂；合理施肥；选用无菌种子、苗木；虫害发生初期及时施用化学药剂；田间作业时尽量减少制造伤口（陈健，2002）。

第三节 番木瓜的生产史和世界分布

一、番木瓜的生产史

番木瓜原产于墨西哥南部以及邻近的中美洲地区，16世纪后期由西班牙人引入菲律宾殖民地，进而传入印度、泰国等地。现在番木瓜的主产区分布在南北纬32°之间，如美洲的巴西、古巴、墨西哥、秘鲁、哥伦比亚，亚洲的印度、泰国、印度尼西亚、中国，非洲的尼日利亚、埃塞俄比亚等50多个国家和地区。在我国，番木瓜于明朝后期由外国船只带入中国境内，距今已有300多年历史，现主要分布于广西壮族自治区、广东、海南、福建、云南、四川、台湾等地。清代吴其濬在《植物名实图考》一书中曾详细记载番木瓜，"植直高二、三丈，枝直上，叶柄旁出，花黄，果生如木瓜大，生青熟黄，中空有子，黑如椒粒，经冬不凋，无毒，香甜可食"。

二、世界番木瓜产业的分布与发展

番木瓜这一营养价值、保健功能极高的具果、菜和药兼用的热带水果，近年来以4%的年增长率在世界各地大范围种植，且与香蕉、菠萝并称为热带三大草本水果。巴西是世界上番木瓜产量最高的国家，由于当地政府重视生产技术的改良和优秀品种的推广，使其单位面积产量大大提高。据FAO统计，2004年产量达到160万t，占世界总产的24.6%，单产居世界第二位，为44.4t/hm^2。产量排名第二的是墨西哥，2004年总产量是95.6万t，占世界的14.5%，其单产为36.3t/hm^2，居世界第三位。亚洲地区的印度近年来番木瓜产业发展态势非常迅猛，但由于其生产技术落后，管理水平粗放，导致该国产量的增加只是依赖种植面积的扩张，据统计，2004年单产仅为8.8t/hm^2，远低于世界平均水平。而亚洲地区的印度尼西亚番木瓜的单产一直领先于世界各产区，2004年高达65t/hm^2，是世界平均水平的3.6倍。非洲地区的尼日利亚种植面积居于世界首位，据统计，2004年产量为75.5万t，占世界总产量的11.6%，而单产仅有8.3t/hm^2，是世界平均水平的0.46倍。可见要实现单位面积产量的增加必须依靠种植技术和管理水平的提升，单纯依赖种植面积的提升是具有局限性的（张海东和胡小婵，2013）。

从进出口贸易情况看，番木瓜进出口量和进出口额越来越大，在世界水果市场上起着越来越重要的作用。其中，美国是世界上最大的进口国，其次是中国香港、新加坡、荷兰、英国、加拿大等，并且各国进口额和进口量仍在逐年增长。墨西哥是世界上最大的番木瓜出口国，主要贸易对象是美国、加拿大；其次是马来西亚，其番木瓜主要流向中国香港、新加坡、欧洲及中东地区；巴西出口量居世界第三位，主要销往欧洲市场；而泰国、印度、印度尼西亚等亚洲国家的出口市场基本是日本、中国和中东地区（杨连珍和韦家少，2005）。

三、我国番木瓜产业的现状与应对措施

1987年，济南果品研究所开启了番木瓜研究利用的先例；我国市场上首个木瓜保健饮料在1993年由临沂百益饮料厂推出；随着我国人民生活水平的普遍提高以及对番木瓜诸多生产价值的认识领会，2010年全国范围内的番木瓜产业蓬勃发展。通过2006—2010年的相关数据分析，总产量由2006年的8万t上升到2010年的15.88万t，增加幅度达到98.5%。一些番木瓜企业已初具规模，产品远销海外市场。如我国生产的木瓜酶每年都大量出口于日本、韩国、德国用于食品加工；云南省永平县每年可产番木瓜汁500t，番木瓜酒300t，蜜饯50t；贵州遵义的番木瓜基地面积达到13 000hm^2，年收入过亿（吴遵耀等，2007；杨培生等，2007；周鹏等，2010）。但是总体来说，目前我国番木瓜产业在国际市场上远远落后于其他国家，果品质量和产量均不具优势，出口额远远小于进口额，且出口价格也远低于进口价格，分析其原因有：种植技术落后，管理水平有限；产业化程度低，多为小户经营；自主研发的优良品种较少，多为引进品种。

积极发展番木瓜产业对调整农业结构及促进经济发展均有重大意义。针对当前我国产业落后现状，拟提出几条解决方法：一是在国家政策法规上要积极支持和鼓励番木瓜这一绿色产业的发展，在研发资金上进一步加大扶持力度，促成番木瓜产业专业协作组织的建立，做到有计划、有组织地生产、加工和销售；二是需积极应用现代农业产业的模式用于番木瓜生

产，解决生产难题，从产业链角度开展技术研发和技术攻关；三是积极选育抗病、抗逆新品种，提高番木瓜外观品质和口感，倡导绿色种植、高端消费，增强国际竞争力；四是建成全国性的销售网络，将小户种植组织起来，既确保产量，又保证品质和销量。

第二章　番木瓜的病毒病害

目前，影响番木瓜生产种植的因素多种多样，如病毒病害、细菌病害、真菌病害、虫害、台风等，而病毒病害是威胁番木瓜种植业发展最为严重的因素。迄今为止，在栽培技术上还很难通过化学防治的方法对病毒病害予以防控，并且在抗病育种方面，存在番木瓜抗病育种资源贫乏，抗病基因和劣质性状基因连锁、育种周期长、抗性基因的遗传不稳定以及种属间远缘杂交不亲和等问题和困难（Fermin et al.，2010）。因此，番木瓜生产上对病毒病害的防控仍面临着严峻挑战。

第一节　病毒病害种类、分布和为害

引起番木瓜病毒病的病原种类很多。目前，已报道发现的病毒有14种，其中已确定的种有11种，分属4个科5个属，另外有3个暂定种还未通过国际病毒分类委员会（ICTV）的认定。这些病毒包括：马铃薯Y病毒属（*potyvirus*）的番木瓜环斑病毒（*Papaya ringspot virus*，PRSV）（Tripathi et al., 2008）、番木瓜畸形花叶病毒（*Papaya leaf distortion mosaic virus*, PLDMV）（Maoka et al., 1996）和西葫芦黄花叶病毒（*Zucchini yellow mosaic virus*, ZYMV）（Ferwerda-Licha, 2002）；马铃薯X病毒属（*potexvirus*）的番木瓜花叶病毒（*Papaya mosaic virus*, PapMV）（Wang et al., 2013）；双生病毒属（*geminiviruses*）的番木瓜曲叶病毒（*Papaya leaf curl virus*, PaLCV）（Chang et al., 2003）、中国番木瓜曲叶病毒（*Papaya leaf curl China virus*, PaLCuCNV）（Zhang et al., 2010）、广东番木瓜曲叶病毒（*Papaya leaf curl Guandong virus*, PaLCuGV）（王向阳, 2004）、番木瓜皱叶病毒（*Papaya leaf crumple virus*, PaLCrV）（Singh-Pant et al., 2012）和巴豆黄脉花叶病毒（*Croton yellow vein mosaic virus*, CYVMV）（Pramesh et al., 2013）；番茄斑萎病毒属（*tospovirus*）的番茄斑萎病毒（*Tomato spotted wilt virus*, TSWV）（Gonsalves and Trujillo, 1986）；南方菜豆花叶病毒属（*sobemovirus*）的番木瓜坏死黄化病毒（*Papaya lethal yellowing virus*, PLYV）（Amaral et al., 2006; Pereira et al., 2012）；*Papaya meleira virus*（PMeV）（Abreu et al., 2015）；番木瓜下垂坏死病毒（*Papaya droopy necrosis virus*, PDNV）（Wan and Conover, 1983）和番木瓜顶端坏死病毒（*Papaya apical necrosis virus*, PANV）（Hernandez et al., 1990）等。这些病毒的主要分布国家、地区及为害等级见表2.1。在以上报道的番木瓜病毒中，为害最严重的是由马铃薯Y病毒属病毒引致的病毒病害，下面将分别对其进行介绍。

表2.1 为害番木瓜的主要病毒种类、分布及为害等级

科（Family）	属（Genus）	种（Virus species）	分布	为害等级
Potyviridae	Potyvirus	Papaya ringspot virus, PRSV	中国大陆、中国台湾、美国、巴西、墨西哥、澳大利亚、印度、泰国、越南、委内瑞拉、牙买加、印度尼西亚、马来西亚、菲律宾、日本、象牙海岸	★★★★
		Papaya leaf distortion mosaic virus, PLDMV	中国大陆、中国台湾、日本琉球群及塞班岛	★★★
		Zucchini yellow mosaic virus, ZYMV	波多黎各	★
Geminiviridae	Begomovirus	Papaya leaf curl virus, PaLCuV	印度、中国台湾、巴基斯坦	★★
		Papaya leaf curl China virus, PaLCuCNV	中国	★
		Papaya leaf curl Guandong virus, PaLCuGV	中国广东	★
		Papaya leaf crumple virus, PaLCrV	印度	★
		Croton yellow vein mosaic virus, CYVMV	印度	★
Alphaflexiviridae	Potexvirus	Papaya mosaic virus, PapMV	美国、中国、墨西哥、菲律宾、委内瑞拉、玻利维亚、意大利、阿根廷、秘鲁、印度、坦桑尼亚、尼日利亚、肯尼亚	★★
Unassigned	Sobemovirus	Papaya lethal yellowing virus, PLYV	巴西伯南布哥州、巴伊亚州	★★★
Bunyaviridae	Tospovirus	Tomato spotted wilt virus, TSWV	美国夏威夷	★
Unassigned	Unassigned	Papaya meleira virus, PMeV	巴西	★★
Unassigned	Unassigned	Papaya droopy necrosis virus, PDNV	巴西	★
Unassigned	Unassigned	Papaya apical necrosis virus, PANV	巴西	★

一、番木瓜环斑花叶病毒

番木瓜环斑花叶病毒（PRSV）侵染番木瓜导致番木瓜环斑花叶病（在台湾称之为木瓜轮点病毒），属于马铃薯Y病毒科（Potyviridae）马铃薯Y病毒属（*Potyvirus*）。有报道称PRSV首次发现是于1945年在夏威夷，但也有相关报道认为在20世纪40年代之前，PRSV在中南美洲、非洲、亚洲及加勒比海等地区已经成为威胁番木瓜种植的主要病害（Fermin et al.，2010）。目前，PRSV已几乎分布于全球所有番木瓜种植区，基本处于一种"哪里有番木瓜种植，哪里就有PRSV为害"的生态，是番木瓜生产上为害最大的首要病毒病害，给番木瓜种植业带来毁灭性灾难，可造成100%的损失。有关PRSV的相关内容在下一节有详细介绍。

二、番木瓜畸形花叶病毒

番木瓜畸形花叶病毒（PLDMV）在台湾被称之为木瓜嵌纹病毒，属于马铃薯Y病毒科（Potyviridae）马铃薯Y病毒属（*Potyvirus*）。1954年在日本琉球群岛的冲绳（Okinawa）首次被发现，随后扩散至宫古诸岛（Miyako Islands）、八重山诸岛（Yaeyama Islands）及石垣岛（Ishigaki）等地（Kawano and Yonaha，1992）。由于PLDMV在番木瓜上的病症表现及线状病毒粒体的特性与PRSV相似，当时在日本被误认为是PRSV（Yonaha et al.，1976）。因为在20世纪50—60年代，PRSV已在全球番木瓜种植区广泛流行，给番木瓜产业带来毁灭性的灾难时，在日本还未见PRSV的报道，而PLDMV却是该地区番木瓜种植上最主要的病毒病害，直到1992年才发现PRSV，且PRSV仅占3%（Maoka et al.，1995）。随后，1993年我国台湾地区的一次田间调查也发现了PLDMV的存在（Kiritani and Su，1999）。在1999年左右，在台中雾峰和大里等地再次发现PLDMV的为害（包慧俊，2000）。到2010年，张玉川等人在浙江衢州地区的组培吊瓜上发现了PLDMV，而且是PLDMV与PRSV的混合感染（张玉川等.，2010）。随后于2012年，在我国海南岛首次从番木瓜上发现了PLDMV，而且存在着PLDMV与PRSV的混合感染现象（Tuo et al.，2013；Shen et al.，2015）。目前，PLDMV仅在日本琉球、塞班岛（Saipan Island）及我国台湾和大陆地区有发现，而其他地区未见有相关报道（Kiritani and Su，1999；Tuo et al.，2013）。

PLDMV的寄主范围比较广泛，除了番木瓜外，还可侵染部分葫芦科植物（如刺角瓜、胡瓜、西葫芦和越瓜等），但不能侵染大部分*Potyvirus*属病毒的藜科指示植物红藜和白藜（Maoka and Hataya，2005）。在自然环境中，PLDMV通过棉蚜、桃蚜、夹竹桃蚜、绣线菊蚜、豆蚜及常山蚜等媒介以非持续性方式传播（Kawano and Yonaha，1992），但也可经人工摩擦接种的方式传播。

PLDMV侵染番木瓜主要症状表现出叶脉透明化、脉间黄化或畸形叶，病症严重时，会出现植株矮化或叶肉消失、鸡爪形或丝状叶，在植株顶端可能出现簇生的现象。在叶柄及茎上出现水渍状的短条斑。在果实上可观察到深绿色或褐色环状斑及凹陷肿胀（图2.1）。其病症易受温度的影响，在高温条件下病症会减轻，当环境温度较低时，发病的番木瓜病症会加重，表现出多为畸形花叶（Kawano and Yonaha，1992；Maoka and Hataya，2005）。

PLDMV与PRSV同为马铃薯Y病毒属的病毒，虽然PLDMV不像PRSV在全球范围内流行，目前仅在日本和我国海南及台湾地区流行，但对番木瓜产业造成的威胁也将是毁灭性的。尤其在我国番木瓜的主产区——海南，随着抗PRSV的转基因番木瓜品种的广泛种植，PLDMV已迅速蔓延至海南全岛，PLDMV将逐渐上升为番木瓜种植业上的最大威胁。

1、5.畸形叶、丝状或鸡爪状叶；2.植株矮化和顶端簇生现象；
3、6.茎和果实水渍状、环圈斑；4.叶脉透明化、脉间黄化

图2.1　PLDMV在番木瓜上的病症表现（庹德财，2015）

三、西葫芦黄花叶病毒

西葫芦黄花叶病毒（ZYMV）也是马铃薯Y病毒科（Potyviridae），马铃薯Y病毒属（*Potyvirus*）的病毒。主要在葫芦科作物上造成重大经济损失，而在番木瓜上鲜有报道。目前，仅在波多黎各的一次病毒调查中发现了ZYMV，且ZYMV与PRSV和番木瓜束顶病（Papaya bunch top Disease，PBTD）存在着混合侵染番木瓜的现象（Ferwerda-Licha，2002）。ZYMV在番木瓜上的病症表现目前还不清楚，可能将是番木瓜栽培上面临的一种新的病毒病害。

四、番木瓜花叶病毒

番木瓜花叶病毒（PapMV）属于甲型线形病毒科（Alphaflexiviridae），马铃薯X病毒属（*Potexvirus*）的病毒。病毒粒体弯曲线状，长约530nm。其基因组为单分体正义（+）单链ssRNA，全长6 656个核苷酸，5′端有m^{7}GpppG帽子结构，3′端有poly（A）尾，PapMV基因组由5个开放阅读框组成，分别编码不同功能蛋白。

1962年，Conover首次在美国佛罗里达州发现了PapMV。主要在美洲大陆地区流行，但与PRSV相比，PapMV在田间的发病率较低，目前还不是限制番木瓜生产最主要的因素，因此对PapMV的研究相对较少。但近年来，全球各番木瓜种植区的番木瓜病害调查结果显示，多个地区均报道发现了PapMV。在2000年左右，Taylor对非洲地区的番木瓜病毒病调查发现，处于中高发病率的仍是PRSV，而PapMV仅处于中低发病率，主要发生在尼日利亚和肯尼亚（Taylor，2000）。2001年，首次在墨西哥的番木瓜和南瓜上发现了PapMV（Noa-Carrazana and Silva-Rosales，2001），2006年对墨西哥地区的PRSV和PapMV发病情况进一步调查时发现，PapMV的发病率比PRSV低很多，但PapMV在调查的各个地区均有分布，而且存在PapMV与PRSV混合侵染的情况（Noa-Carrazana et al.，2006）。Cruz等人2009年调查菲律宾吕宋岛的番木瓜发病情况时，发现PapMV发病率为9%，而且PapMV与PRSV同样存在着混合侵染（Cruz et al.，2009）。最近，在我国海南地区也发现了PapMV为害番木瓜种植，并对其全长基因组序列进行了克隆分析（Tuo et al.，2014；王永辰等，2013）。此外，PapMV在委内瑞拉（Purcifull and Hiebert，1971）、玻利维亚（Rajapakse and Herath，1980）、意大利（Ciuffo and Turina，2004）、阿根廷（Gracia et al.，1983）、秘鲁、印度、坦桑尼亚等地有分布。目前，PapMV已开始在全球范围内蔓延，而且存在与其他病毒（如PRSV）混合感染的情况，可能将对未来番木瓜的种植造成更严重的为害。

PapMV侵染番木瓜后，植株几乎会停止生长，出现矮化、叶片褪绿、斑驳、花叶、叶脉透化、叶片向下卷曲，叶边缘出现不规则形状（图2.2）。侵染PapMV的番木瓜植株产量低，品质差，严重时导致植株不能开花结果（Breman，1997）。目前，PapMV可通过机械摩擦接种方式进行传播，暂未发现以昆虫媒介的传播方式，且也未发现可经种子传播的现象（Conover，1964；Zettler et al.，1968）。由于对PapMV的研究还较少，其寄主范围暂不清楚，从已报道发现的PapMV分离物的宿主来看，可侵染的植物有：番木瓜（*De Bokx*，1965），阔叶芭蕉（Rowhani and Peterson，1980）、普通蒲公英和翠菊（Gracia et al.，1983）、马德拉葡萄（Phillips et al.，1984）、乌鲁薯（Brunt et al.，1982）、*khaki-weed*（Geering and Thomas，1999）、*pointed gourd*（Purcifull et al.，1999）、洋蔷薇等（Ciuffo and Turina，2004）。

图2.2　PapMV在番木瓜上的病症

五、番木瓜双生病毒

番木瓜双生病毒侵染番木瓜主要引起番木瓜曲叶病，但番木瓜受双生病毒为害的报道还比较少。目前，可侵染番木瓜的双生病毒有以下5

种：番木瓜曲叶病毒（PaLCV）、中国番木瓜曲叶病毒（PaLCuCNV）、广东番木瓜曲叶病毒（PaLCuGV）、番木瓜皱叶病毒（PaLCrV）、巴豆黄脉花叶病毒（CYVMV）。以上5种双生病毒都属于双生病毒科（Geminiviridae），菜豆金色花叶病毒属（*Begomovirus*），病毒粒体为双联体结构，无包膜，由两个不完整的二十面体组成。

目前，有关番木瓜双生病毒的研究较少，其寄主范围、传播方式及病症表现都不是很清楚。番木瓜被侵染后，主要表现出叶向下卷曲，叶柄扭曲，叶脉增粗、突起（图2.3），有时植株顶端的所有叶片都会出现以上症状。病症严重时，会出现落叶，植株停止生长，果实变小、畸形且未成熟就脱落。初步研究表明以上5种番木瓜双生病毒可由烟粉虱（*Bemisia tabaci*）等以持久性传播。目前仅在印度、巴基斯坦、韩国、我国大陆及台湾等地区有报道（Chang et al.，2003；Guo et al.，2015；Huang and Zhou，2006；Nadeem et al.，1997；Pramesh et al.，2013；Singh-Pant et al.，2012；Zhang et al.，2010），还未对番木瓜生产造成严重为害。

图2.3　番木瓜双生病毒的病症（李华平，2010）

六、番茄斑萎病毒

1962年，首次在夏威夷的考艾岛（Kauai）发现布尼亚病毒科（Bunyaviridae）

番茄斑萎病毒属（*Tospovirus*）的番茄斑萎病毒（TSWV）能侵染番木瓜（Gonsalves and Trujillo，1986）。主要症状表现为顶端叶片严重褪绿、坏死、过早落叶，叶柄和茎上水渍状，茎顶端易弯曲生长，果实畸形，成熟后的果皮上可见绿色环状斑。虽然1966年对考艾岛3个番木瓜果园进行调查发现，TSWV发病率达50%~90%（Gonsalves and Trujillo，1986），但至今，未有相关TSWV对夏威夷番木瓜种植造成严重为害的报道，而且也未见其他国家和地区发现TSWV侵染番木瓜的病例。因此，TSWV目前还不是影响番木瓜生产的主要病毒病害。

七、番木瓜坏死黄化病毒

番木瓜坏死黄化病毒（PLYV），最早于1983年在巴西的伯南布哥州（Pernambuco）发现，随后在巴西的巴伊亚州（Bahia）、Paraíba、Rio Grande do Norte和Ceará等州有报道。目前，PLYV仅在巴西的东北部流行，发病率可达40%。虽然在其他国家和地区还未发现，一旦传播到番木瓜主要的商业种植区将会带来巨大经济损失（Ventura et al.，2004）。PLYV属于南方菜豆花叶病毒属（*Sobemovirus*）病毒，病毒粒体直径约30nm，基因组是一条单链正义RNA分子（约4 145nt），包含4个开放阅读框（ORF）（Pereira et al.，2012）。侵染番木瓜后先是树冠1/3的嫩叶逐渐变黄，随后黄叶枯萎变干脱落直至整个植株死亡（图2.4A和图2.4B），果实上有圆形褪绿斑且有胶乳渗出，当果实成熟时绿斑也会变黄（图2.4C）。当摩擦接种PLYV到番木瓜幼苗时，主要表现出花叶、畸形和黄化（图2.5A和图2.5B）。由于对PLYV的研究较少，目前，PLYV的寄主范围和传播方式仍不清楚，但PLYV除了能侵染番木瓜外，还可以侵染*Vasconcellea cauliflora*（Amaral et al.，2006）。有研究表明，在番木瓜之间可通过机械摩擦接种方式传播，而且种子、土壤及灌溉都可传播该病毒（Ventura et al.，2004）。因此，对PLYV的防控带来巨大挑战。

A. 植株1/3叶片发黄；B. 黄叶枯萎变干、脱落直至整个植株死亡；
C. 果实成熟时绿斑变黄

图2.4 PLYV在番木瓜上的病症表现（Lima et al.，2013）

A. 幼苗接种后，植株花叶畸形和黄化；B. 植株叶片黄化

图2.5 PLYV接种番木瓜苗的症状（Lima et al.，2013）

八、Papaya meleira virus

Papaya meleira virus（PMeV）于20世纪80年代首先在巴西报道发现，直到2008年，在墨西哥也发现了PMeV（Perez-Brito，2012）。虽然PMeV未在全球范围内流行，仅在巴西和墨西哥有报道，但PMeV一直是

巴西番木瓜生产上的主要病害之一。PMeV目前尚未得到国际病毒分类委员会（ICTV）的确认，而且还没有中文名称，因为暂时不知怎么译比较恰当。但由PMeV引致的病害在巴西称之为'papaya sticky disease'或者'meleira'，在此暂译为番木瓜黏病，若有不当请读者纠正。

PMeV在番木瓜上的典型症状是：果实和叶上自动溢出或渗出乳白色液汁的木瓜胶乳，随后在空气中氧化凝结，在叶边缘形成局部坏死；在果实表面出现深色的黏性物质（"黏病"因此得名）（图2.6A、图2.6B和图2.6C）；果实内腔也会有乳胶覆盖种子，在叶柄上有坏死的病斑（图2.6D和图2.6E）；此外，在巴西，病症的晚期果实表面会出现不规则浅绿色的区域，而该症状在墨西哥不常见（Abreu et al., 2015）。目前，虽然在巴西开展了大量PMeV相关的研究工作，但其传播途径和寄主范围仍不是很清楚。但有研究表明PMeV可由种子传播，种子带毒率达81%，这给防控工作带来很大困难（Tapia-Tussell et al., 2015）。目前，PMeV已确定为双链的RNA病毒，长约12 kb，但其基因组序列还未测定，有待继续开展相关基础研究工作。

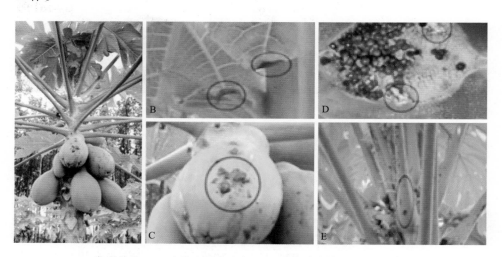

A.发病植株；B.叶片中褐色病斑；C.果表覆盖的褐色黏性物质；
D.乳胶覆盖的种子；E.叶柄上褐色坏死斑

图2.6　PMeV在番木瓜上的病症表现（Abreu et al., 2015）

九、番木瓜下垂坏死病毒和番木瓜顶端坏死病毒

20世纪80年代，在美国佛罗里达州首次报道了番木瓜下垂坏死病毒（PDNV），而在委内瑞拉发现了番木瓜顶端坏死病毒（PANV），此外，PANV在古巴也有报道（Hernandez et al.，1990；Lastra and Quintero，1981；Wan and Conover，1983；Wan and Conover，1981）。这两个病毒均为棒状病毒，PDNV病毒粒体大小为（87~98）nm×（180~254）nm，PANV病毒粒体大小为（80~84）nm×（210~230）nm，具有相似的病毒形态，且在番木瓜上的病症表现也相似。早期出现顶端叶弯曲、下垂，最嫩叶呈淡黄色且下凹、坏死，叶柄变短且硬，花和果实易夭折脱落；晚期茎变短、坏死，最终整株死亡（Ventura et al.，2004）。由此可见，PDNV和PANV可能属于同一病毒，但还需要进一步实验证明。目前，PDNV和PANV对番木瓜生产的为害较轻，相关研究报道也较少，其自然传播媒介和宿主还不清楚。

第二节　番木瓜环斑病毒的特征

一、PRSV的病症表现与传播途径

PRSV侵染番木瓜后，最先在新生组织（如叶片或果实）上表现出症状。顶端的幼嫩叶片逐渐出现褪绿、黄化、嵌纹，叶片皱缩、畸形，叶面积减小，有的叶片还会出现肿胀的绿岛；病症严重的时候，叶肉完全退化，仅剩主叶脉，形似丝状叶或鸡爪型叶片（图2.7）；叶柄及嫩茎上会产生水渍状斑点，随着斑点的扩大形成水渍状断续短条斑（图2.7）；果实上产生水渍状斑点或同心轮纹圈斑（图2.7），相邻的2~3个病斑可发展形成不规则形大病斑；在去果皮后，果肉上有时仍可见此类环状斑纹；病

果成熟后出现着色不均匀，造成果肉甜度下降及乳汁含量减少，明显影响果实口感和风味；果肉中常有颗粒状硬块，早期发病株所结果实畸形。发病植株会出现生长严重受阻、矮化等现象，到最后停止生长，甚至枯死（Khurana，1970；Purcifull et al.，1984）。此外，PRSV侵染番木瓜的病症表现还受环境温度的影响（Mangrauthia et al.，2009；蔡文惠，1995）。

图2.7 PRSV的病症表现

在自然环境中，PRSV主要通过昆虫媒介以非持久性方式（non-persistent）进行传播。而昆虫媒介以蚜虫为主，其中主要为棉蚜和桃蚜，其次为玉米蚜、花生蚜、麦蚜、夹竹桃蚜等（Conover，1964）。在我国台湾则以绿桃蚜、夹竹桃蚜和棉蚜的传毒效率较高（王惠亮等，1981）。蚜虫只要在PRSV病株上停留2分钟就可带毒，且只需在健康植株上停留5分钟即可将病毒传入（Jensen，1949a，1949b），故称"即食即传"。通常认为PRSV不能由种子传播，但在菲律宾有研究报道表明，PRSV也可由种子传播，其传播率约为0.15%（Bayot et al.，1990）。此外，PRSV也可通过机械摩擦、针刺、嫁接等方式传播（Adsuar，1946）。

二、PRSV的寄主范围与生物型

PRSV的寄主有番木瓜科、葫芦科和藜科的植物。对番木瓜科和葫芦科植物是系统性侵染，整个植株都会表现出病症（Purcifull et al.，1984）。而PRSV侵染藜科中的红藜和白藜时，仅造成局部性侵染，产生局部坏死病斑，可用作单斑分离病毒的寄主（廖奕晴，2004）。

根据PRSV是否能侵染番木瓜，将PRSV分为P型和W型两种生物型。P型可侵染番木瓜科、葫芦科和藜科，而W型仅侵染葫芦科和藜科，但目前二者仍无法从血清学上进行区分（Bateson et al.，1994）。

三、PRSV的生物学特征及基因结构与功能

PRSV属于马铃薯Y病毒科的马铃薯Y病毒属，是单分体正义（＋）单链（ssRNA）病毒（Lu et al.，2008；Yeh et al.，1992）。在电子显微镜下观察，PRSV病毒粒体呈曲线状、无包膜的杆状颗粒，长200~1 200nm，多数为700~800nm，平均长度为780nm，直径为10~15nm，平均约12nm（图2.8）（Cook，1972）。每个病毒粒体都由一个约36kDa的结构蛋白（外壳蛋白）包裹单分子正义链病毒基因组RNA组成（图2.9）。根据CMI/AAB（Commonwealth Mycological Institute/Association of Applied Biologists）的记载，PRSV病毒粒体的热钝化温度（Themal inactivation point，TIP）为54~56℃，稀释终点浓度（Dilution end point，DEP）约为10^{-3}，活体病毒粒体体外存活时间约为室温下8小时（Purcifull et al.，1984）。

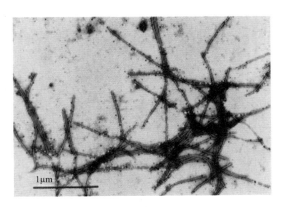

图2.8 纯化后的PRSV病毒粒体（Gonsalves and Ishii，1980）

图2.9 PRSV病毒粒体示意图

PRSV基因组由约10 326个核苷酸组成。5′端有一个约24kDa的VPg蛋白质共价结合，3′端有一个poly（A）尾巴，其5′端和3′端各有一个非编码区（Untranslated Regions，UTR）序列，分别为85 bp和206 bp。有一个大的开放阅读框（Open reading frame，ORF）和一个小的开放阅读框*pipo*（Pretty Interesting *Potyviridae* ORF）。大的ORF编码一条约3 344个氨基酸的多聚蛋白（polyprotein）（分子量约380kDa），利用多聚蛋白自身具有的蛋白质酶活性，进行自身切割加工产生10个成熟蛋白。由N末端至C末端分别为：P1蛋白（first protein）、HC-Pro蛋白（helper component-proteinase）、P3蛋白（third protein）、6K1蛋白（约6kDa）、CI蛋白（cylindrical protein）、6K2蛋白（约6kDa）、NIa蛋白（Nuclear Inclusion body a protein，由VPg和NIa-Pro两个蛋白组成）、NIb蛋白（Nuclear Inclusion body b protein）和外壳蛋白CP（coat protein）（图2.10）（Lu et al.，2008；Yeh et al.，1992）。其中CP蛋白是*Potyvirus*病毒基因编码的唯一一个结构蛋白。PRSV编码蛋白的功能至今研究较少，由于PRSV属于马铃薯Y病毒属病毒，其相关功能可参考马铃薯Y病毒属病毒的蛋白功能（表2.2）（Silvio et al.，2001；李向东 et al.，2006）。

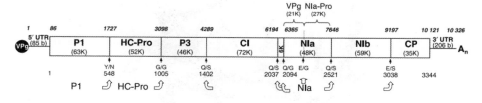

图2.10 PRSV基因组结构图（GenBank 登录号：S46722）（Tripathi et al.，2008）

表2.2　马铃薯Y病毒属病毒编码蛋白的主要功能

（Silvio et al.，2001；李向东等，2006）

基因产物	氨基酸序列特征	功能
P1（32-62kDa）	与胰蛋白酶类似，具有典型的丝氨酸蛋白酶的特征	多聚蛋白加工（蛋白酶）；影响基因组复制；症状表达；序列特异基因沉默的辅助因子
HC-Pro（56-58kDa）	类似木瓜蛋白酶的半胱氨酸蛋白酶，C-末端自动裂解	基因组扩增；自身互作；系统移动；抑制基因沉默；蚜虫传毒；细胞间及长距离运输；协生和症状表达；种传
P3（37kDa）	与豇豆花叶病毒的32K蛋白具有相似性	影响基因组复制；多聚蛋白加工；Rsv1介导的致死性系统过敏反应的激发子
6K1（6kDa）	具疏水氨基酸序列	与膜结合，参与复制；PSbMV中决定无毒性
CI（70kDa）	核苷酸结合基序，与解旋酶具有相似性	细胞间运动；复制（RNA解旋酶）；症状产生
6K2（6kDa）	具疏水氨基酸序列	具膜结合功能，参与复制；系统移动
NIa-VPg（21kDa）		基因组扩增；细胞间移动和长距离移动；与真核翻译起始因子eIF4E和eIF（iso）4E互作
NIa-Pro（27kDa）	具有核定位信号和典型的丝氨酸蛋白酶的氨基酸	蛋白酶，以顺式及反式方式起作用；结合RNA；Rym介导抗性的激发子；Dnase活性
NIb（58kDa）	具有核定位信号和依赖于RNA的RNA聚合酶基序	依赖于RNA的RNA聚合酶，参与病毒基因组的扩增
CP（28-40kDa）	（I/V）DAG序列	RNA衣壳化；细胞间及长距离运输；蚜虫传播；基因组扩增

第三节　番木瓜病毒病的防控方法

番木瓜病毒病对番木瓜产业带来严重威胁，但一直还未找到有效的防控方法措施。目前，防控番木瓜病毒病的主要策略有合理利用栽培技术和田间管理办法、交叉保护、利用常规育种和转基因技术培育抗病毒番木瓜新品种等方法。

一、合理利用栽培技术和田间管理方法

通过合理的栽培技术和田间管理方法是番木瓜种植者通常采用的防病办法。主要策略是将番木瓜种植区与病毒隔离、清除病原和传播媒介

等。常规的做法有：及时清除种植园内已发病的番木瓜植株；清理番木瓜种植园附近的一切潜在的毒源（即去除种植区周围的番木瓜病毒的宿主作物）；经常去除杂草以减少病原的宿主和传播媒介；必要喷施杀虫剂农药以消灭病毒病原的传播媒介；采用大棚或网室种植（隔离病毒病原和传播媒介）；套（间）种非番木瓜病毒的宿主作物，使传播媒介（如蚜虫）先在非番木瓜病毒的宿主作物上取食，从而减少病害的传播和发生率（Fermin et al.，2010；Ventura et al.，2004）。

二、交互保护

交互保护（mild strains cross protection，MSCP）是防治植物病毒病为害的一种重要手段，尤其是对那些采用茎尖脱毒等方法难以对付的由虫媒传播的病毒病害的防治有特别的效果和意义。McKinney于1929年首次发现植物病毒株系间存在着干扰现象（McKinney，1929），随后，1934年美国学者Kunkel提出了利用弱毒株系来防治植物病毒病的设想（类似接种疫苗抵抗动物病毒）（Kunkel，1934）。到20世纪50年代，Grant等首次证实柑橘衰退病毒病的弱毒系对强毒系有保护作用（Grant and Costa，1951）。随后相继报道了利用弱毒株交互保护成功防治可可肿枝病、苹果花叶病及柑橘衰退病（Chamberlain et al.，1964）。目前，也成功利用交互保护来防治番木瓜病毒病。早在20世纪80年代，利用亚硝酸诱变美国夏威夷的PRSV强毒株HA获得其弱毒株HA5-1并进行交互保护防控PRSV研究，在我国台湾和美国佛罗里达、夏威夷等地区得到很好的推广应用（McMillan Jr and Gonsalves，1988；Wang et al.，1987；Yeh et al.，1988；Yeh and Gonsalves，1984）。此外，You等人工构建的重组型PRSV弱毒株在葫芦上得到成功应用，对P型和W型两种生物型的PRSV具有广谱抗性（You et al.，2005）。

利用交互保护来防控病毒病的策略在20世纪70—80年代已得到了大面积推广应用（Costa and Muller，1980）。该策略仍是目前植物病毒防治的新思路和热点。但如何获得有较好交互保护作用的弱病毒株仍是该策略发展应用的主要限制因子。目前，获得弱毒病毒株系主要有两种途径：一是从自然环境中筛选出弱毒株。但由于自然条件下病毒株系分化随机而复杂，且弱毒株通常致病力低，在宿主上无明显病毒症状表现，故通过自然筛选获得是非常困难，且费时费力；二是利用人工诱变或人工构建方式获取弱毒株。该方法具有靶向性相对容易，可操作性强且筛选周期短的特点，但需要有可供参考的弱毒株关键位点序列。因此，研究利用弱毒株交互保护作用防控番木瓜病毒病将具有重大前景和意义。

三、利用常规育种培育抗耐病番木瓜新品种

利用常规育种技术培育出具有遗传抗性的番木瓜品种是解决番木瓜病毒病的首选策略。但由于在商业化的番木瓜栽培品种及野生种中还未发现对病毒病具有优良抗性的种质资源，而且存在远缘杂交不亲和性，所以给番木瓜抗病杂交育种带来了巨大挑战和困难。目前，大量育种专家和研究者们在番木瓜抗PRSV的杂交育种方面做出重大努力，并取得了一些进展。如通过胚拯救等方法进行番木瓜种间（*Carica papaya* × *Vasconcellea cauliflora*；*C. papaya* × *V. querciflora*；*C. papaya* × *V. cundinamarcensis*）和属间杂交（*C. papaya* × *V. quercifolia*）获得了对PRSV有耐受性的杂交后代。由于番木瓜抗病性遗传是数量性状而不是质量性状，使常规杂交育种变得较为困难，但选育出真正可以商业化种植的抗病番木瓜新品种（Chan，2009；Fermin et al.，2010）值得期待。

四、利用转基因技术培育抗病番木瓜新品种

自Sanford和Johnston于1985年首次提出了病原介导抗性（pathogen-derived resistance，PDR）的概念（Sanford and Johnston，1985），这一

新理论很快就得到证实并应用到植物病毒病害的防控。该理论最初认为抗性是在蛋白质水平起作用（源自病原基因的表达），随后研究表明是基于病毒介导的转录后基因沉默机制，通过小干扰RNA实现（small-interfering RNAs，siRNAs）。目前，病原介导的抗性利用转基因技术也成功应用于番木瓜病毒病害（主要是PRSV，其次还有PLDMV）的防治。在20世纪80年代中期，康奈尔大学的Dennis Gonsalves和夏威夷大学的Richard Manshardt通过基因枪轰击法将PRSV *cp*基因导入番木瓜，并成功培育出抗PRSV的转基因番木瓜品种——'SunUp'和'Rainbow'（Fitch et al.，1992；Gonsalves，1998）。这使转基因番木瓜不仅成为全球诞生的第一个转基因水果，同时也是第一个商业化的转基因水果；同时中国热带农业科学院（原华南热带作物科学研究院）周鹏等于20世纪90年代初利用根癌农杆菌介导技术将PRSV *cp*基因导入番木瓜品种穗中红，获得了抗PRSV的转基因植株（周鹏，1993）。我国华南农业大学李华平研究团队通过转PRSV *nib*基因成功获得了抗PRSV的"华农一号"转基因番木瓜，并获得农业部转基因生物安全认证，也是国内第一个商业化的转基因水果（Ye and Li，2010）。此外，在我国台湾地区，中兴大学叶锡东研究团队通过转化PRSV *cp*基因也成功培育了对PRSV具有较好抗性的转基因番木瓜品种（Yeh et al.，1997），在田间实验时发现抗PRSV转基因番木瓜会面临新的PLDMV的威胁，随后该团队利用转基因方法还培育出对PRSV和PLDMV双抗的转基因番木瓜（Kung et al.，2009）。同时，在澳大利亚、巴西、佛罗里达、泰国、马来西亚、牙买加、越南和委内瑞拉等其他一些国家和地区也开展了转基因抗PRSV的研究（Fermin et al.，2010；Tecson Mendoza et al.，2008）。因此，利用转基因技术培育病原介导抗性的转基因品种是目前防控番木瓜病毒病害以及其他植物病毒病害最经济有效的策略之一。

第三章　转基因番木瓜的研发

第一节　番木瓜转基因技术

番木瓜产业面临的困扰，首先是病毒病害横行，尤其是番木瓜环斑病毒（PRSV）的为害，在番木瓜生产上造成了巨大的毁灭性破坏，导致世界范围内多个国家番木瓜产量的下降，在部分发病严重的地区能引起100%的田间损失（绝收）和采摘后30%~40%损失（蔡建和，范怀忠，1994；Gonsalves，1998；饶雪琴和李华平，2004；Stokstad，2008）。由于缺乏对PRSV具有抗性的番木瓜品种，而用传统的杂交育种学方法培育抗PRSV番木瓜的研究只得到了对其具有不同耐受力的品种。也有人尝试用番木瓜和其野生近亲品种进行杂交，但由于杂交不亲和性和不育型杂种后代等原因，最终还是失败了。因此，受种质资源的限制，番木瓜的传统育种方法难以解决番木瓜产业的主要问题。

基因工程技术的发展为番木瓜育种带来了新的契机和愿景。从20世纪80年代中期开始，美国康奈尔大学Dennis Gonsalves博士和夏威夷大学Richard Manshardt博士等人开始尝试用基因工程手段培育抗PRSV的番木

瓜品种。最终，他们在1998年获得了两个商业化转基因品种——'日升'
（SunUp）和'彩虹'（Rainbow）。转基因番木瓜不仅是第一个转基因水
果，也是第一个由公共机构研发的商业化转基因植物（Fitch et al., 1990;
1993; Gonsalves, 1998）。

转基因技术在抗PRSV番木瓜上的成功，大大鼓励着研究人员应用这项
技术去解决番木瓜中使用常规技术难以解决的其他问题。这些问题包括：
短的保质期、采摘后损失、螨虫和蚜虫为害、烂根烂果等。随着转基因技
术在番木瓜上的广泛应用，番木瓜对于一些国家尤其是发展中国家经济的
重要性越来越显著。

一、用于基因转化的番木瓜材料

番木瓜可以从原生质体、子叶、叶柄、下胚轴、根、花药和胚珠等再
生成植株，但用这些外植体的培养物作转化材料，其转化成功率低，很少
获得转基因的植株。而来源于番木瓜的体胚发生组织，如未成熟胚或成熟
胚等比其他组织具有更高的再生潜能，且再生成植株的时间短。因此，目
前番木瓜的转化材料用得最多的是胚性组织，如合子胚、体胚、胚性愈伤
组织等（Fitch, et al., 1990; Yang et al., 1996）。但胚的诱导效率随不同
试验、番木瓜品种、所用外植体的龄期和番木瓜基因型的不同而异（周鹏
和郑学勤，1996;饶雪琴和李华平，2004）。

二、转化的外源基因

在植物抗病毒基因工程中，抗病基因多数是来自病毒本身的基因，如
病毒的*cp*基因、复制酶基因、运动蛋白基因、核酶基因等。其中用的最多
的是*cp*基因，PRSV也不例外。美国、我国大陆学者和台湾的研究者均采
用了PRSV *cp*基因进行转化。华南农业大学的李华平团队利用PRSV的*cp*基

因和复制酶基因构建于同一个载体上进行番木瓜的转化。最初研究人员认为，要获得抗性必须有病毒外壳蛋白（CP）表达，后来大量的研究显示具有病毒CP的转基因植物实际上只能对具有相同或相似CP的病毒表现特异抗性（Stokstad，2008）。进一步的研究显示，大多数植物病毒病源基因介导的抗性（PDR）是由RNA介导，通过转录后基因沉默（PTGS）机制起作用的（Sanford & Johnston，1985；阮小蕾等，2009）。PTGS现已被认为是一种RNA沉默介导的抗病毒途径。从本质上说，利用病毒转基因诱导RNA沉默可导致入侵的同源病毒的基因组以及高序列相似性病毒基因的降解，从而使植株表现出抗病性。

三、基因表达的启动子

在改变番木瓜多种特性中应用的唯一一个启动子就是（CaMV）35S启动子。这个在植株任何部位都能表达外源基因的组成型启动子在双子叶和单子叶植物中可以启动高水平的基因表达。从20世纪90年代初期第一个抗PRSV转基因番木瓜发展至今，CaMV 35S启动子仍然是大多商业化作物（包括番木瓜）在转基因技术应用上最常用的非植物启动子。

四、基因转化时使用的选择标记

选择性标记的应用是基因工程对任何植物转化策略的一个组成部分。在转基因番木瓜的研究中最常用的选择性标记基因是新霉素磷酸转移酶（npt II）基因，这个基因引入了卡那霉素抗性。这个标记被一些研究机构应用于发展转基因番木瓜的抗PRSV、抗螨虫和疫霉、铝和除草剂的耐受、延缓果实成熟等研究。

五、基因转化时的传递介导系统

（一）农杆菌介导的转化

农杆菌是一种革兰氏阴性植物病原菌，它能在超过100多种植物中引起冠瘿病，即在植物茎秆处形成肿瘤，这些植物大多为双子叶植物。早期有实验用农杆菌侵染番木瓜叶圆（或盘）片，形成转基因愈伤组织，但是没能再生出完整的番木瓜植株。Fitch等、周鹏等于1993年同时报道了分别运用基因枪、农杆菌侵染法进行番木瓜的遗传转化。直至20世纪90年代后期，不同国家的一些实验室才把农杆菌介导的转化技术（图3.1）成功地应用在番木瓜的转基因研究上，获得了含有PRSV的*cp*基因或复制酶基因的转基因番木瓜植株。

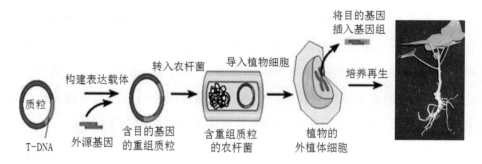

图3.1 农杆菌介导的番木瓜转化示意图

（二）基因枪转化技术

Fitch等（1993）介绍了分别把*npt*Ⅱ和*gus*A作为选择性标记和报告基因用于番木瓜不同组织的瞬间转化和稳定转化的方法。这些组织包括：未成熟合子胚，下胚轴切片和体细胞胚。Cabrera-Ponce等（1995）报道了一种把合子胚和胚性愈伤组织作为靶细胞，用*bar*和*npt*Ⅱ基因作为选择性标记以及用*gus*A作为报告基因的转基因番木瓜生产系统。Gonsalves等（1998）用基因枪（图3.2）转化法把来自于PRSV株系HA 5-1的一个不翻译的*cp*基因转化到番木瓜上，结果有些转基因番木瓜转化体具有高抗PRSV的特性（图3.3）。

这些在20世纪90年代早期和晚期进行的先驱性实验，为其他的研究机构用粒子轰击法生产具有新的特性的转基因番木瓜，如病毒抗性、推迟成熟以及其他一些有用的特性等，铺平了道路。

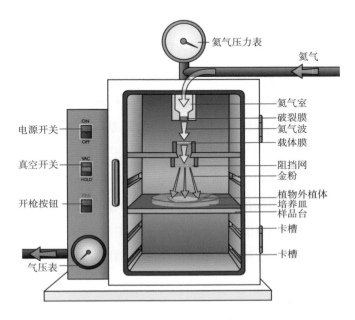

图3.2 基因枪的结构

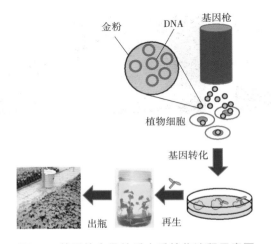

图3.3 基因枪介导的番木瓜转化流程示意图

（三）花粉管通道转基因技术

番木瓜花性复杂，但基本上可划分为雌性花、雄性花及两性花。尤其是选用雌性花，这样在进行转基因研究时免除了去雄步骤，且雌花花朵较大更易于人工操作，授粉后种子较多便于后期筛选，这是利用花粉管导入技术进行番木瓜转基因研究的有利因素。魏军亚和周鹏等（2008）利用花粉管通道技术将含有PRSV *cp*基因同源DNA片段的植物表达载体导入番木瓜'穗中红'植株，通过对花粉管导入时的花朵大小、导入液类别、环境因子等参数进行较为系统的研究，建立了利用质粒DNA和农杆菌为导入液的花粉管通道技术平台；获得了番木瓜花粉管转基因技术中比较理想的导入条件：受体花一般长3.0~4.5cm；一般供体的花采用3.5cm左右的两性花；而对受体来说，质粒DNA为导入液的一般采用2.0~4.0cm的雌花，农杆菌为导入液的一般采用3.0~4.5cm的雌花；转化时间一般选择在晴朗天气，气温在20~30℃时比较适宜；利用花粉管直接转化技术对6种RNA介导的植物表达载体进行基因转化，获得相应的转基因植株（图3.4），并对转基因植株进行了分子鉴定，为筛选、培育出高抗谱抗环斑病毒且安全性好的番木瓜株系奠定基础。

未受粉　　　　　　　　受粉后　　　　　　　转化的番木瓜果实

图3.4　花粉管通道法介导的番木瓜遗传转化

第二节 美国转基因番木瓜

一、美国番木瓜生产和病害发生情况

美国的番木瓜生产主要集中在夏威夷。在1985年的顶峰时期，夏威夷约有2 650英亩（1英亩=6.07亩）的番木瓜种植面积。夏威夷的番木瓜产业始于20世纪40年代，种植于夏威夷群岛中的瓦胡岛，面积约有500英亩。1945年夏威夷的番木瓜出现了病毒病，1949年Jensen将这种病毒命名为番木瓜环斑病毒。到20世纪50年代，瓦胡岛的番木瓜产业受到番木瓜环斑病毒的严重影响，夏威夷的番木瓜产业从瓦胡岛转移到了大岛的普纳（Puna）地区。此前，普纳没有商业化的番木瓜种植。

番木瓜在普纳商业化种植的30余年中没有遭受PRSV的侵染，但是普纳离PRSV疫区Hilo和Keaau只有19英里（1英里=1.609km），因此受传染的风险很大。美国康奈尔大学的Dennis Gonsalves博士已意识到这一问题，觉得普纳的番木瓜将不可避免地会遭受PRSV的侵染。于是他从1979年开始研究利用交叉保护技术来控制PRSV，使普纳的番木瓜不遭受PRSV侵染。交叉保护的关键是要获得病毒的弱毒株。Dennis的学生，来自中国台湾的叶锡东，经过大量实验，获得了一个命名为PRSV HA 5-1的弱毒株。温室实验表明PRSV HA 5-1在番木瓜中表现为弱毒性，并且能抵抗强毒株系PRSV HA的侵染（Wang et al.，1987；McMillan et al.，1988）。

二、转基因研发过程和应用

随着生物技术的快速发展，20世纪80年代出现了病原基因介导的抗性（parasite-derived resistance，PDR）。PDR是指在植物中导入病原基因，能使该转基因植物产生对这种病原或相近病原的抗性（Sanford & Johnston，

1985）。PDR为控制PRSV提供了一个新途径。于是Dennis Gonsalves实验室从1986年开始进行基于PDR的番木瓜抗PRSV研究，先是和Upjohn公司的Jerry Slightom合作进行PRSV外壳蛋白（coat protein，cp）基因的克隆，选用的病毒株系为上述的弱毒株PRSV HA 5-1。cp基因克隆后构建了植物表达载体，后面的番木瓜基因转化工作由夏威夷大学的Fitch于1987年开始进行。利用基因枪轰击番木瓜的胚性组织，成功获得了一批转基因番木瓜植株，其中一株命名为55-1的株系对PRSV HA具有高度抗性。用10多种来源于不同国家和地区的PRSV株系对转基因番木瓜55-1的抗性鉴定结果显示，55-1对夏威夷地区的PRSV株系具有高抗，但基本不抗其他国家和地区的PRSV株系。同时，研究结果还显示转基因番木瓜的抗性并不和CP蛋白的表达量相关（Gonsalves，1998）。

1991年，美国政府批准了转基因番木瓜的田间试验。1992年6月55-1的转基因第一代（R0代）植株被种植到瓦胡岛的小型田间试验地。在随后两年的观测中，转基因番木瓜表现出对PRSV非常高的抗性。几乎95%的非转基因番木瓜显示了PRSV症状，而转基因的55-1都没有症状。并且55-1植株的生长、果实形态和成分都与非转基因植株表现一致（Ferreira et al.，2002）。

55-1是Sunset番木瓜品种的转基因株系，是红色果肉的商业化品种。55-1经杂交和回交后获得的纯合转基因株系被命名为日升（SunUp）。由于普纳地区的主要栽培品种是黄色果肉品种Kapoho，而Kapoho的抗PRSV转基因株系没有成功获得。因此，将日升和Kapoho杂交，获得的黄色果肉转基因后代株系命名为彩虹（Rainbow）。'Rainbow'更适合降雨量大的普纳地区。

1995年，'SunUp'和'Rainbow'在普纳开始了田间试验（图3.5）。除了对PRSV具有明显抗性外，转基因品种不仅高产而且具有更广的生态适应性。1998年，'SunUp'和'Rainbow'通过了美国农业部动植物健康检验局认证、环境保护署和食物药品相关行政部门的许可，成为世界上第一批商业化的转基因果树栽培种。2003年加拿大批准了美国转基因番木瓜的进口。日本十多年来对转基因番木瓜一直采取抵制措施，随着转基因番木瓜安全性的进一步确认，2010年日本已经允许转基因番木瓜进入该国市场。

A. 非转基因番木瓜（左）在PRSV入侵后表现明显的病毒症状，而转基因番木瓜（右）没有任何病毒症状；B. 为1993年10月空中拍摄Puna岛上试验田，图中健康的转基因番木瓜被已感病的非转基因番木瓜植株所包围

图3.5　夏威夷转基因番木瓜的田间试验（图片来源于Dennis Gonsalves）

2008年4月24日，美国夏威夷大学、美国伊利诺伊大学、中国南开大学、天津市功能基因组与生物芯片研究中心等机构的科学家们在英国《自然》杂志上公开发表了首张转基因番木瓜基因组草图（Ming et al.,2008）。这是继拟南芥、水稻、白杨和葡萄之后，科学家破译的第5种被子植物的基因组序列，将为研究开花植物的进化提供新信息。这项转基因经济作物的全基因组图谱的研究成果，不仅为番木瓜功能基因组学的研究和合理运用番木瓜资源奠定了基础，而且对农作物育种、农业生产和人类对转基因植物的科学和理性的认识具有极其重要的现实意义，这也是我国继人类基因组计划、水稻基因组计划之后在基因组学研究领域取得的又一重大突破。

番木瓜转基因品种'日升'的基因组测序为精确分析转基因片段的插入位置提供了机会。转入基因最初的鉴定主要使用Southern杂交，通过这种方法鉴定了一个长9 789bp包括cp基因的插入片段、一个长1 533bp包括tetA

基因的载体片段、一个长290bp的筛选标记基因*npt*Ⅱ的序列（Suzuki et al.，2008）。在6个插入位点的边界序列中，有5个是番木瓜叶绿体DNA片段的核DNA拷贝。插入片段整合在类似叶绿体DNA序列中，可能是由于插入片段一般整合在富含AT碱基的区域，这种现象已经在番木瓜以及其他陆生植物的叶绿体转基因中观测到，不管是使用农杆菌还是基因枪的转化方法，6个边界序列中有4个与拓扑异构酶Ⅰ（topoisomerase Ⅰ）的识别位点匹配，这些序列与在基因组的转入基因插入位点产生断裂以及转入基因的重组有关。通过测绘番木瓜基因组发现转基因插入只发生在番木瓜基因组的3个位置上（Suzuki et al.，2008）（图3.6），而且没有任何核心基因受到破坏。转基因番木瓜基因插入位置的详细信息消除了日本等国家和地区对转基因番木瓜的疑虑，从而解除了进口管制。

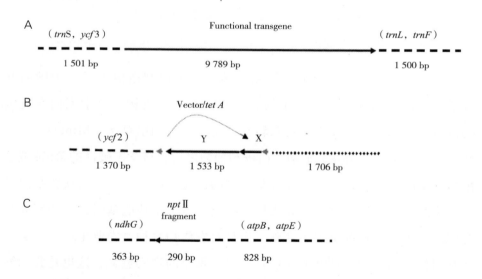

A. 转入的功能基因插入位置；B. 非功能基因的载体片段*tetA*的插入位置；C. 非功能基因的*npt*Ⅱ基因片段插入位置。实线箭头代表插入片段及方向，灰线箭头代表21bp载体复制序列，虚线代表插入基因两边的类似叶绿体DNA的核基因组序列，点线代表不是类似叶绿体DNA的核基因组序列，括号为已鉴定的插入位点两边的序列

图3.6 转入基因在转基因番木瓜株系55-1基因组中的位置（Suzuki et al.，2008）

第三节　泰国转基因番木瓜

同世界上大多数番木瓜产区相似，泰国的番木瓜产业时刻遭受PRSV的潜在威胁。尽管科学家们为了控制疫情采取了多种紧急措施，包括销毁病株，但这仍然给当地果农带来了巨大损失。1995年，两名泰国科学家在康奈尔大学通过粒子轰击法得到两株抗泰国PRSV的转基因株系，将泰国孔敬地区PRSV中不能编辑的外壳蛋白基因转入了寄主细胞中，使其获得抵抗泰国PRSV的能力。研究者随后对这两个株系进行了大量的室内繁殖和小范围的田间试验，并得到4株高抗的F3代株系，抗病性达97%~100%（Sakuanrungsirikul，et al. 2005）。

与此同时，研究者们对转基因番木瓜果实的食品安全性进行了试验。大量试验数据显示：转基因番木瓜对混栽的非转基因品种没有任何生态影响；土壤中的微生物群落、虫类及土壤理化性质等没有显著变化。两者在营养成分和生理生化性质上并无明显差异，并且喂食转基因番木瓜的白鼠没有表现出异常现象。目前在泰国尚未商品化生产这两种转基因番木瓜，部分安全性评价和政府审批正在进行中（Sakuanrungsirikul et al.，2005）。

第四节　我国转基因番木瓜

一、转基因类型

虽然夏威夷转基因番木瓜已开发了两个优良品系，但对我国华南地区4个番木瓜环斑病毒（PRSV）株系、我国台湾以及泰国等亚洲国家的番木瓜环斑病毒株系不具有抗性。因此，不同国家和地区必须要选用当地主要病毒的优势株系的基因重新进行转基因研究，才能获得具有对当地病毒株系抗性较好的转基因品系。

在中国大陆至少有4个机构进行了关于抗PRSV转基因番木瓜的研究。如华南农业大学、中山大学、中国热带农业科学院和华中农业大学。华中农业大学的姜玲等人（2004）用农杆菌（LBA4404）法把含有cp和nptⅡ基因的二元质粒载体pGA482G转化番木瓜（cv日升），这次研究的主要目的是引入在幼胚胚性愈伤组织上进行超声处理这种有效的转化方法。结果还是获得了含有cp基因的转基因再生植株。中山大学的叶长明等（2003）报道了转化了来自PRSV突变的复制酶基因的两种转基因番木瓜T$_1$系的大田试验。这次研究主要集中在大田上的病毒抗性以及这种转基因株系所表现出的分子特性。中国热带农业科学院的周鹏等利用农杆菌介导技术及花粉管通道技术分别获得了转cp（1991—1993年）、PRSV-CP-SN的双价基因（1993—1994年）、RNA的核酶基因（1996—1998年）、不同产区cp同源序列（RNAi载体，2004—2006年）番木瓜转基因株系，并在大田试验证明均具有不同程度抗PRSV侵染的效果。华南农业大学的李华平等人利用基因工程的技术手段，将我国华南地区PRSV的优势株系Ys的复制酶基因成功转入番木瓜植株，已获得了高抗的转基因品系'华农1号'，并且得到了我国安委会批准商业化生产（李华平等，2007；Ye & Li，2010）。

二、'华农1号'品种选育和品种特征

'华农1号'是目前我国唯一一例获得商业化生产应用的转基因食用作物，也是唯一一例商品化生产的转基因果树作物。该工作是在华南农业大学范怀忠教授及他的学生李华平教授所领导的团队在经过约15年的时间持续研究予以完成的。早在1991年，在明确了华南地区栽种番木瓜的4个主要省份侵染番木瓜的PRSV有4个株系（蔡建和和范怀忠，1994）的基础上，选择其中的优势株系PRSV Ys开展了PRSV的cp基因和复制酶基因（rp）的克隆及相关植物表达载体的构建，并通过农杆菌介导法转入了番木瓜基因组中。于

1998年获得转基因番木瓜转化体后，开始进行安全性试验审批申报和品系选育工作（李华平等，2007；Ye & Li，2010）。于2000年6月30日获准（农基安审字2000A-01-22）进行"抗环斑病毒转基因番木瓜华农1号在广东的中间试验"；2001年12月15日获准（农基安审字2001B-01-049）进行"抗环斑病毒转基因番木瓜华农1号在广东省的环境释放"；于2005年7月20日获准［农基安审字（2005）第27号］进行"转番木瓜环斑病毒复制酶基因番木瓜华农1号在广东省的生产性试验"。在完成生产性试验安全评价后，于2006年7月20日获得了"转番木瓜环斑病毒复制酶基因的番木瓜华农1号在广东省应用的安全证书"［农基安证字（2006）第001号］；在广东省生产应用4年后，于2010年9月6日获得了"转番木瓜环斑病毒复制酶基因的番木瓜华农1号在华南地区生产应用的安全证书"［农基安证字（2010）第056号］。

'华农1号'的转基因转化受体是番木瓜品种'园优1号'，在1998年12月获得转化体后，先后进行了抗病性、园艺性状、遗传特征等系列研究（阮小蕾等，2001；李华平等，2007；Ye & Li，2010）。在1999年获得高抗优良自交单株（园45）后，开始进行自交和与'台农5号''夏威夷5号'等品种的杂交试验；2000年获得优良自交单株Trp-6，2001年获得基因纯合单株Trp-6-2，后命名该品系为'华农1号'。'华农1号'选育过程如图3.7。

'华农1号'自2006年和2010年分别获得在广东省和华南地区应用的安全证书后，已在广东省内或华南地区得到较广泛种植，产生了显著的经济和社会效益。多

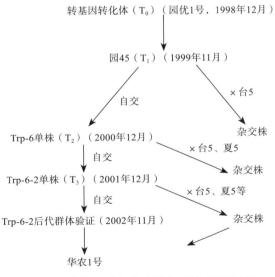

图3.7 转基因番木瓜'华农1号'选育过程

（李华平供图）

年的试验和检测结果表明转基因番木瓜'华农1号'具有如下特征。

（1）不管是自交、杂交1代转基因植株，在所试验的广东省、海南省和广西壮族自治区，在田间基本上都没有表现出任何PRSV所致的病毒病症状，而且这种抗性至少保持2年以上。抗病机制研究表明，这种高度抗病性是由病毒诱导的基因沉默所产生的。

（2）转基因番木瓜除获得高抗PRSV外，在植株形态、生长、发育、结实等园艺性状上没有改变。

（3）转基因番木瓜中所转的外源基因为单拷贝插入，能够稳定遗传。

（4）对土壤根围和植株体内微生物检测结果表明，转基因番木瓜在微生物群落和功能多样性上，与非转基因番木瓜相比没有产生显著差异。

（5）转基因番木瓜对番木瓜的其他病毒、昆虫、其他病原真菌没有产生影响。

（6）转基因番木瓜果实营养成分分析表明，转基因和非转基因番木瓜没有产生显著差异。

（7）利用生物信息学分析外源基因表达产物与已知致敏原氨基酸序列的同源性，结果表明，外源基因氨基酸序列与GenBank、EMBL、PIR、SwissPort等数据库中的过敏原序列、毒蛋白序列、抗营养因子序列没有连续8个相同的氨基酸序列。

（8）通过原核表达获得的外源基因表达产物，模拟胃液消化、肠液消化试验，结果表明，纯化的变性和复性蛋白均能在15秒内被降解。

（9）对番木瓜内源毒物异氰酸苯（BITC）采用气相色谱分析表明，转基因和非转基因番木瓜不存在显著差异。

综上研究结果分析表明，转复制酶基因的番木瓜'华农1号'除获得了高抗PRSV特性外，对番木瓜的主要园艺性状、番木瓜种植的原生态环境以及番木瓜果实的食品安全性没有产生任何不利的影响，与非转基因番木瓜具有"实质等同性"。

第四章　转基因番木瓜的环境安全性评价

在转基因番木瓜研发过程中，环境安全性评价是商品化生产之前最重要的一个评价环节。在国内外环境安全性评估指标中，主要包括：转基因植物的生存与竞争力、基因漂移的环境影响、对靶标生物的抗性、对非靶标生物的影响、对植物生态系统群落和有害生物地位演化的影响以及对靶标生物的抗性风险。

目前商品化的转基因番木瓜品种主要为美国的'日升'（SunUp）'彩虹'（Rainbow）和我国华南农业大学研发的'华农1号'。在经过各自研发单位和相关具资质单位的多年温室和田间系列研究后，都没有发现这些转基因番木瓜品种与其亲本非转基因品种之间在环境影响方面的差异。所有的转基因品种和非转基因亲本品种的表现都证明是相同的，转基因番木瓜对环境没有发现任何不良影响。

第一节　生存与竞争力

一、种子休眠特性和活力

在自然界中，番木瓜是由种子繁殖的。转基因和非转基因番木瓜商业化种植品种的花型主要都是两性花，其两性花大多是自花授粉（陈健，2002）。大量的实验结果表明，转基因和非转基因植物授粉的种子应完全成熟才具有萌发能力。其种子没有明显的休眠特性，新近收获的种子只要去除外种皮，就可发芽。风干的种子被储存在室温下的黑暗房间3年后就会失去发芽力，但保存在10℃、相对湿度为50%（种子水分含量9%~10%）的环境中只有少部分发芽力丧失，因此，低温干燥的存储似乎是有利的。目前转基因和非转基因的番木瓜种子，通常都是将新鲜提取的番木瓜种子除去外种皮，用自来水彻底清洗，然后风干或晒干，保存在低于15℃的干燥环境中，可保存2~3年。转基因和非转基因番木瓜在种子休眠和活力等方面没有发现差异。

二、抗病虫害能力

为害番木瓜的主要病虫害有害生物包括：病毒病害（番木瓜环斑病毒病等10余种）、真菌病害（炭疽病、疫病、白粉病）以及害虫（圆蚧、粉蚧、红蜘蛛、蚜虫、毒蛾、斜纹夜蛾、蜗牛等）。现有的商品化的转基因番木瓜，由于所转化的基因是抗番木瓜环斑病毒的基因，因此转基因番木瓜仅对该种病毒具有良好的抗病效果，在其他抗病虫害能力上与非转基因番木瓜没有差异。

三、生长势、生育期和产量

番木瓜是一种多年生常绿果树，当年种植就可当年收果，商品化种植一般为2~3年（陈健，2002）。在我国，自20世纪50年代末至60年代初，由于番木瓜环斑花叶病毒病的侵袭，严重影响了番木瓜的生产，常规栽培品种100%发病。田间发病植株如果是早期被感染，则严重矮化、花叶和叶片畸形，产量绝收；如果后期受侵染，则叶片表现黄化、花叶和畸形，果实小和布满坏死环斑，严重影响果实商品性（蔡建和和范怀忠，1994；蔡文惠，1995；Gonsalves，1998）。由于花叶病毒病的为害，往往导致常规栽培品种在田间自然情况下一般只能种植一年，主要原因在于当年种植的番木瓜植株在受到病毒侵染后，第二年开春后基本上不能生长出正常的叶片，从而失去了种植的价值（饶雪琴和李华平，2004；周鹏等，2010）。而对于转基因番木瓜而言，由于解决了病毒病的为害问题，植株在整个生长期间都不会发病。从播种到果实采收，依据种植区域的不同，通常为半年至一年时间。不同品种产量有所不同，在正常栽培条件下，多数品种亩产量在3 500~4 500kg，而且一般可种植2~3年（Gonsalves，1998；Li et al.，2000；Ye & Li，2010）。

第二节　基因漂移的环境影响

番木瓜属于番木瓜科的番木瓜属，是该属唯一的物种，除原产地（中美洲、南美洲和赤道非洲）外，世界其他地区种植的番木瓜品种都为人工驯化的栽培种，没有野生种和近缘物种分布。由于生殖隔离的限制，番木瓜不可能发生基因漂移至其他物种，因此在我国和夏威夷种植的番木瓜，其基因漂移的可能性只能在番木瓜栽培种间发生。

番木瓜植株可以开雄性、雌性或雌雄同体的花朵。我国和夏威夷转基因番木瓜都为雌雄同体花朵（两性花），雌雄同体花朵通常在开花前就已完成了自花授粉。除自花授粉外，极少数番木瓜花朵也可通过虫媒和风媒进行异花授粉。虫媒主要是蜜蜂，部分地区还发现有鳞翅目天蛾科的天蛾（Gonsalves et al.，2011）。

一、转基因和非转基因番木瓜的分布

由于转基因番木瓜对环斑病毒具高度抗病性，而生产上番木瓜的主要限制因子正是该病毒，因此抗病的转基因番木瓜自获得政府审批进行商品化生产以来就得到了快速推广。在我国大陆，转基因番木瓜主要种植在海南和广东，其种植面积比例占番木瓜总种植面积的85%以上；在广西、福建和云南也超过30%以上。一般商品化大面积种植的番木瓜基本上都是转基因番木瓜，非转基因番木瓜多为农民小面积零星种植，或通过网室种植（Ye & Li，2010）。在美国，转基因番木瓜主要种植在夏威夷岛的普纳区，自1999年开始，夏威夷出产的85%番木瓜均为转基因品种，非转基因番木瓜也多为零星种植（Gonsalves，1998）。

二、基因漂移距离和频率

由于我国和夏威夷的转基因番木瓜植株都只开雌雄同体花朵，因此通常在花开前就已完成了授粉过程，从理论上来讲，其发生基因漂移的可能性较低。尽管如此，各自研发团队对转基因番木瓜都进行了基因漂移距离和频率的深入研究。

（一）夏威夷转基因番木瓜

从2004年起至2010年，夏威夷研究团队（Gonsalves et al.，2011）系统开展了转基因'彩虹'与非转基因'Kapoho'品种间的花粉漂移试验。由于在夏威夷商品化种植的番木瓜的花性基本上都是雌雄同体的，因此漂移试验主要在商品化种植的雌雄同体植株间进行。第一次试验主要集中在夏威夷普纳Keaau区和Kalapana区的4个农场。实验前，所有的'Kapoho'品种都被测试和确认为非转基因。'Kapoho'的实验田和转基因'彩虹'品种毗邻，只隔6.1~15.2m的道路或护堤。在开花结果后采集与'彩虹'地相邻的'Kapoho'边行一半结果植株的果实进行转基因检测。在所有测试的155个果实的1 240个种子中没有发现一个是转基因阳性的种子。随后将每一个实验田分成4块进行随机抽样采果。越接近转基因品种'彩虹'的行则越多果实被抽样，距离'彩虹'地段越远，果实采样逐渐减少。在采集的296个果实中共测定了2 368个种子，其结果表明没有一个种子呈转基因阳性反应。

为最大概率地检测花粉漂移的可能性，第二次试验在普纳区Pohoiki一个农场进行。设置转基因'彩虹'与非转基因'Kapoho'相邻的2个田块，转基因'彩虹'边界行和非转基因'Kapoho'最近距离只有3.8m。开花结果后，分别采集距离'彩虹'不同种植行数的'Kapoho'植株中的果实进行检测，其结果见表4.1。结果表明，在距离'彩虹'较近的第一至第三行的'Kapoho'植株的果实中分别检测到了转基因阳性的种子，阳性率为0.05%~0.81%，而第五行后则都没有检测到阳性的种子。

表4.1　夏威夷普纳区Pohoiki测试田，评估转基因花粉从'彩虹'漂移到邻近
　　　　'Kapoho'的试验（引自Gonsalves，2011）

行数	测试数			阳性数			
	植株	果实	种子	植株	果实	种子	种子阳性率（%）
1	14	21	1 890	4	9	14	0.74
2	9	11	990	3	3	8	0.81
3	12	12	1 080	1	1	1	0.05
5	10	10	900	0	0	0	0
11	2	2	180	0	0	0	0
17	2	2	180	0	0	0	0

为了模拟一个转基因花粉漂移更高的"压力"状况，第三次试验在位于夏威夷Waiakea的一个农场进行。实验共分为3种处理，重复3次。第一个处理，每排'Kapoho'植株被一排'彩虹'植株所间隔；第二个处理，每个'Kapoho'植株分散种植在至少4棵'彩虹'所包围的植株中；第三个处理，3×3种植的'Kapoho'植株被彩虹植株四周包围（图4.1）。每个处理小区边界被非转基因品种'日升'植株所环绕。为了测量花粉漂移到雌株，在每次处理中设置1~2株只开雌花的雌性植株。行内株距为1.5m，行间相隔为3.0m。从每株树上收集一个果，每个果测试12个种子。

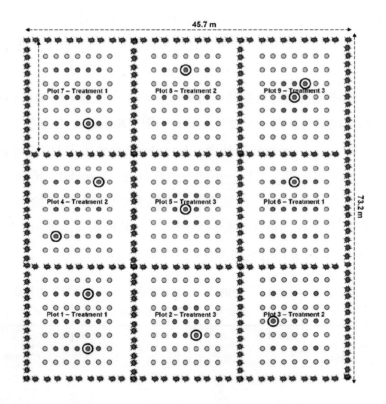

边沿行蓝星：非转基因'日升'植株；黄点：转基因'彩虹'植株；红点：非转基因'Kapoho'。'Kapoho'植株被用来抽样以测试花粉从转基因植株'彩虹'漂移到非转基因的'Kapoho'。有框圈红点：雌性'Kapoho'植株。每株树收集一个果，每个果测定12粒种子（引自Gonsalves，2011）

图4.1 高压力下的花粉漂移实验田间布局

结果表明，雌雄同体的番木瓜植株其花粉漂移效率在第一处理里最高（2.2%），在第二处理（0.3%）和第三处理里较低（0.7%）。由Kuskal-Wallis单因素方差统计分析显示各处理之间的差异不显著（$p < 0.05$）。对3次处理结果进行花粉漂移效率的平均率计算，结果表明，雌雄同体的植株为1.3%，而雌性植株为67.4%。这表明在非常高的花粉漂移"压力"下，其雌雄同体植株的花粉漂移效率仍然较低。

综上所述，夏威夷转基因番木瓜，当与雌雄同体的非转基因番木瓜邻近种植或混合种植时，可发现非常低的转基因漂移，漂移率在0.05%~2.20%，但当与仅开雌花的非转基因雌性植株邻近或混合种植时，则基因漂移率可达67.4%。由于商品化种植中只选用雌雄同体的植株，而不会使用只开雌花的雌性植株（商品价值低），因此在生产上发生基因漂移的可能性微乎其微。

（二）我国转基因番木瓜

2004—2006年在田间设置小区进行基因漂移试验。2006年转基因番木瓜'华农1号'商品化种植后，通过广泛采集不同年份、不同区域和不同品种的非转基因番木瓜进行华农1号特异标记分子检测。

小区试验在华南农业大学教学和科研基地进行。转基因'华农1号'和非转基因'园优1号'（均为雌雄同花植株）设置2个处理（图4.2），处理1：设置转基因植株联株集中种植（共连续种植4排，每排20株），周围种植非转基因植株，行距和株距均1m。处理2：转基因和非转基因植株进行隔行相间种植，即转基因植株1排，非转基因植株1排，行距1.2m，株距1m。

在开花结果后分别收集果实，通过抗卡那霉素培养基平板测定、特异引物的PCR扩增和克隆测序进行基因漂移分析。结果表明，对于处理1而言，在邻近转基因植株种植的非转基因植株的第一至第四排分别采果，越邻近转基因植株采果越多，每株采集3~5个果实，每个果实测定10粒种子，共采集约170个果实。在共检测的1 700粒种子中，发现有47粒种子检测含有外源基因，阳性率为2.76%。其中距离转基因植株1m内共有31粒种子（传播授粉率达3.04%），距离2m内12个种子（传播授粉率达2.35%），距离3m内4个种子（传播授粉率0.23%），距离4m后未检测到含有外源基因的果。

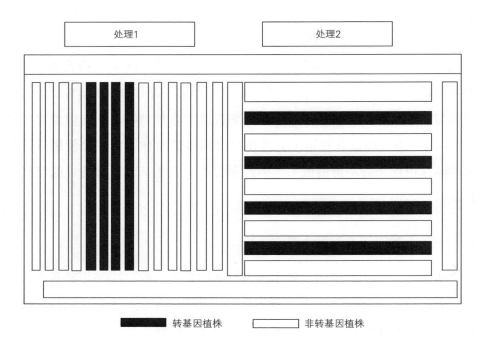

图4.2　转基因和非转基因番木瓜田间种植设计示意图

对于处理2而言，采集150个果实，每个果实检测10粒种子，发现共有50粒种子检测呈阳性，其传播授粉率达3.33%。

以上试验结果初步表明，尽管转基因'华农1号'主要是自花授粉，但如果相邻种植，会出现低频率的基因漂移（0.23%~3.33%），但漂移或传播距离局限在4m之内。

2006—2016年，通过采集田间非转基因不同番木瓜品种进行检测，共检测非转基因番木瓜果实超过1 000个，检测种子过万粒，尚未发现在自然条件下'华农1号'有发生基因漂流的证据。分析其原因，一是番木瓜属于自花授粉的作物，通常在花开前就已完成了授粉过程；二是番木瓜的种植区域都较为分散，往往使得转基因番木瓜和非转基因番木瓜被具有天然的远距离的物理屏障所隔绝。因此我们认为，在现有番木瓜种植模式下，发生转基因基因漂流的可能性极低。

三、基因漂移植株及后代的基因表达特征

田间种植的转基因番木瓜一般来源于杂交种子，只能种植一代，其种子不能留种用于下一年种植，其果实作为鲜果用于消费。因此，即使发生基因漂移，其漂移产生的转基因种子将会作为生活垃圾被处理，而一般不会留存后代。

即使机缘巧合，该基因漂移产生的种子发芽长成的植株，该植株与商品化种植的转基因番木瓜植株一样，二者具备同样的基因表达特征。

第三节 对靶标生物的抗性

一、'华农1号'室内温室的试验

自1998年年底成功获得转化体后，首先筛选的目标是对PRSV的抗性（Li et al.，2000；阮小蕾等，2001；阮小蕾等，2004）。在对100多个转化体再生的植株进行抗病性测定中，不同转化体再生的植株表现出了4种不同的抗病性。其中，大多数植株与对照一样表现出高度感病性；部分植株只是症状表现延迟，延迟时间为10~20天不等；少部分植株先在下部叶出现症状，后长出的新叶无症；极少部分植株则完全不发病，表现出免疫性。

对这些免疫性植株进行抗病性测定结果表明，非转基因受体对照品种'园优1号'对PRSV高度感病，发病植株表现矮化，叶片黄化、畸形和

花叶；而转基因植株在整个植株生育期间则不表现任何症状，RT-PCR和ELISA测定结果均表明，这些转基因植株不含PRSV病毒，具有对PRSV完全的免疫特性（图4.3、图4.4）。

图4.3　转基因植株（中）与非转基因受体品种'园优1号'（周围）

图4.4　转基因植株（后排）与非转基因受体品种'园优1号'（前排）

对PRSV具有免疫性的优良单株B45（复制酶基因杂合体Rp/-）栽于温室内进行常规管理，直到开花结果。期间进行系列生物学检测和园艺学性状等观察，并进行自花授粉。自交种子播种后，再次进行人工接种、生物学性状观察以及遗传学分析，从而获得抗病性强、园艺性状优秀的转基因纯合系Trp6-2（Rp/Rp），后将该纯合系命名为'华农1号'。将'华农1号'分别与非转基因品种'台农5号''夏威夷SOLO'进行杂交，获得各自杂合体RW17（Rp/-）和YS42（Rp/-），其纯合系和杂合体选育流程如图4.5所示。

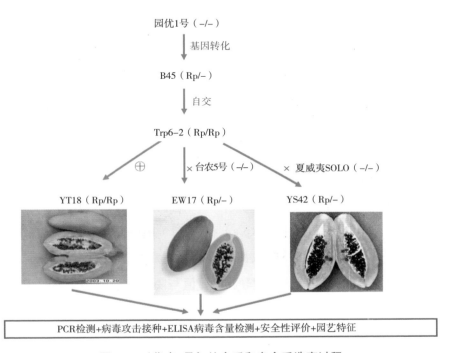

图4.5　'华农1号'纯合系和杂合系选育过程

对'华农1号'自交系（YT18）、'华农1号'与非转基因品种台农5号杂交系（RW17）以及'华农1号'与非转基因品种夏威夷SOLO杂交系（YS42）的番木瓜幼苗（5~6叶期）进行室内病毒攻击接种试验，以非转基因品种为对照，每个处理30株植株，共3次重复。在第一次接种5天后进行第二次接种。在第一次接种第十天仍未见显症者，再接种一次。再过15天仍不显症的植株则认为是抗病植株。将第一次接种30天后出的新生叶片进行ELISA测定和RT-PCR检测，确定是否含有病毒。其检测结果统计如表4.2所示。

表4.2 　'华农1号'纯合系和杂交系的F₁植株苗期机械接种对PRSV的抗感性

植株品种（株系）	抗病株数	感病株数	发病率（%）	ELISA（OD$_{490}$）*	RT-PCR
纯合系YT18	90	0	0	0.012 3	−
台农5号杂交系RW17	90	0	0	0.009 8	−
夏威夷SOLU杂交系YS42	90	0	0	0.018 7	−
园优1号	0	90	100	0.729 2	+
台农5号	0	90	100	0.645 1	+
夏威夷SOLO	0	90	100	0.712 4	+

注：*ELISA测定的阴性对照（非接种台农5号）OD$_{490}$值为0.011 4

抗病性测定结果表明，非转基因常规品种'园优1号''台农5号'和'夏威夷SOLO'在接种5天后就开始有植株出现褪绿症状，在接种后第七天有83%植株显示出明显花叶症状，在接种后15天则100%的植株出现花叶症状。RT-PCR和ELISA测定均确证，这些发病植株均受到了PRSV病毒的侵染，而且均含有较高的病毒浓度。而转基因纯合系YT18（Rp/Rp）、与纯合系杂交的两个杂交系RW17（Rp/-）和YS42（Rp/-）的所有植株在接种30天后，没有一株显示任何花叶或褪绿等病毒病症状，表现全部抗病。进一步ELISA测定表明，这3个株系群的OD$_{490}$值与阴性对照值均无显著差异（$p > 0.05$），RT-PCR结果均表现为阴性。这充分证明这些经多次攻击接种试验的转基因植株（不管纯合体和杂合体）个体内不含有测定的PRSV病毒，表现出对PRSV的免疫抗性。

二、'华农1号'的田间试验

将'华农1号'纯合系（YT18）、'华农1号'与'台农5号'杂交F₁（RW17）和与'夏威夷SOLO'杂交F₁（YS42）株系群植株和非转基因对照品种（'园优1号'和'夏威夷SOLO'）植株（各100株）定植在田间（定植日期为2003年3月20日），在定植后开始，每月定期对各株系（品种）植株进行病情调查，直到收果期结束。病情指数的统计结果见表4.3，部分田间种植图见图4.6和图4.7。

表4.3 转基因'华农1号'纯合系和杂交F₁植株在田间不同时期对PRSV的病情指数统计

调查日期（月日）	种 类				
	纯合系YT18	台农5号杂交系RW17	夏威夷SOLO杂交系YS42	园优1号	夏威夷SOLO
3.20	0	0	0	0.00	0.00
4.20	0	0	0	12.23	15.00
5.19	0	0	0	23.55	20.30
6.19	0	0	0	36.44	51.69
7.20	0	0	0	51.26	78.70
8.20	0	0	0	67.45	91.83
9.20	0	0	5.76	85.25	100
10.20	0	0	5.76	98.40	100
11.20	0	0	6.03	98.60	100
12.20	0	0	6.13	98.80	100
病情指数平均值	0[a]	0[a]	2.37[a]	57.20[b]	65.75[b]

注：表中同行数据中，凡具有相同字母者表示在5%水平上差异不显著（DMRT）

从表4.3中可以看出，作为对照的非转基因品种'园优1号'和'夏威夷SOLO'，在定植后的一个月内就有植株出现发病症状。随着定植时间的推移，发病植株的数量逐渐增多，病情逐渐加重。到9月20日，基本上每一株植株都显示花叶症状，部分植株严重矮化，叶片花叶畸形，果实小，并布满环斑，无商品价值。到12月中下旬，大部分植株下部叶片脱落，仅剩顶叶少数叶片。其平均病情指数分别达到57.20和65.75，与转基因纯合系和杂交系具有显著差异。

从3月中旬到12月中旬，在定植田间的9个月内，'华农1号'纯合系（YT18）和'华农1号'与台农5号杂交F₁（RW17）植株，均无明显褪绿或花叶症状。按月采集新生叶片用间接ELISA测定其PRSV含量，结果均呈阴性。回接西葫芦的结果与间接ELISA检测结果相一致。但是'华农1号'与夏威夷SOLO杂交F₁（YS42）植株，9月中旬后100株中有6株新生叶片显示褪绿，但症状表现轻微。在所观察的9—12月的4个月内，病情均为1级。分别采集其新生叶片用间接ELISA测定其PRSV含量，结果均呈阳性，对此

6株发病植株进行RT-PCR检测，进一步证实这6株轻微症状植株确实受到了PRSV的侵染。其发病原因有待进一步研究。

图4.6　（左1排）'华农1号'与（中2排）非转基因'夏威夷SOLO'田间种植（广州，2003）　图4.7　（左除头两排保护行外）'华农1号'与（右）非转基因'园优1号'田间种植（深圳，2003）

　　综上试验结果表明，转PRSV复制酶基因的纯合系——'华农1号'无论在苗期人工攻毒接种，还是在田间种植中都表现出了高度抗病性；而'华农1号'与非转基因品种杂交第一代（杂合子），则表现出了2种情况，其中转基因纯合系与非转基因'台农5号'杂交一代，与纯合系一样仍然表现出了高度抗病性，但与非转基因'夏威夷SOLO'杂交一代，尽管在苗期人工攻毒接种中显示了高度抗病性，但在田间种植中，100株中仍有6株在种植6个月后表现有轻微花叶症状，但症状在发病后3个月内没有加重，这显示这一杂交组合对PRSV也有相当高的抗病性。

三、夏威夷转基因番木瓜的田间试验

　　有关夏威夷的转基因番木瓜在田间抗性功能的实验，在大面积商品化推广前至少做了两年（Ferreira，et al. 2002）。评估品种（系）包括3个转基因品系，即转基因纯合系（cp/cp）和半合子系（cp/-）的'日升'（SunUp）、'日升'与非转基因'Kapoho'品种的杂交品系（cp/-）的

'彩虹'（Rainbow），同时设置非转基因亲本品种'日落'（Sunset）、非转基因'日落'与'Kapoho'品种的杂交品系（-/-）作为对照。试验结果见图4.8。从图中可以看出，不含*cp*基因的非转基因品系（日落、日落与Kapoho的杂交第一代）在种植3个半月后明显观察到有病毒感染，在7个月内植株病害的发病率就达90%以上，在8个月内达100%。而含有*cp*基因的转基因3个品系在全年中都没有观察到任何植株被感染，表现出了高度的抗病性。而且，转基因品系的'日升'与'彩虹'的水果产量数据显示出该产量至少高于平均水平的3倍，同时保持着最低商业水果所需的11%以上的可溶性固体含量的百分比。这些数据意味着转基因'日升'与'彩虹'（*cp*转基因的纯合子与半合子）为夏威夷的PRSV问题提供了很好的解决办法。

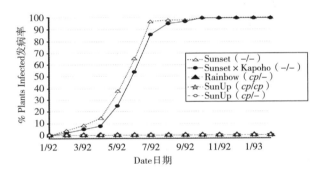

图4.8　夏威夷转基因和非转基因番木瓜品种在田间不同时间段PRSV侵染率

（引自Ferreira，et al. 2002）

第四节　对非靶标生物的影响

一、对番木瓜其他病毒的影响

在华南地区，为害番木瓜的主要是两种病毒，即用于转病毒复制酶基因片段的番木瓜环斑花叶病毒（PRSV）和引致植株曲叶症状的番木瓜曲叶病毒（*Papaya leaf curl virus*，PaLCV）。

　　在苗期通过人工摩擦接种法和虫媒接种法分别接种PRSV和番木瓜PaLCV，结果显示：两种病毒分别接种非转基因的植株，在接种7天后至试验结束（接种90天内）都能检测到这两种病毒，而且植株表现出明显的两种病毒侵染所引致的症状。而将这两种病毒分别接种转基因'华农1号'植株，接种PRSV的，在试验结束时都不显示任何症状，经ELISA测定表明，在其植株体内不存在有PRSV；而接种PaLCV却能在接种10天后，通过ELISA和PCR法都能够检测到该病毒，而且植株表现出明显的曲叶症状（Ye & Li，2010）。这表明转基因番木瓜没有对番木瓜其他病毒产生任何影响。

二、对昆虫的影响

　　在番木瓜种植田间，较少发现有昆虫，但为害番木瓜的主要害虫有蚜虫（*Aphis gossypii*）、红蜘蛛（*Tetranychus cinnabarinus*）、介壳虫（*scale insect*）。在2004—2006年试验田间中，在转基因和非转基因田间只发现有少数红蜘蛛为害。调查结果显示，红蜘蛛的数量和为害状在转基因和非转基因植株上没有发现存在显著差异。

三、对其他病原真菌的影响

　　在番木瓜种植田间，其病原生物的类型，除病毒外尚有一些真菌病原，主要是由刺盘孢属（*Colletotrichum*）引致的炭疽病和由疫霉属（*Phytophthora*）引起的茎腐病。在果实上主要是由这两种病原生物引致的果腐病。调查显示，转基因植株和果实与非转基因植株和果实，这些病害在为害的程度、数量（发病率）、为害的症状特点等各方面没有显著差异（Lin et al.，2006）。这表明所转化的基因没有对这些病原生物产生任何影响。

第五节　对生态系统群落和有害生物地位演化的影响

一、对植物群落的影响

番木瓜（*Carica papaya*）是番木瓜属（*Carica*）中的唯一成员。番木瓜科（Caricaceae）及其他野生物种均为*Vasconcellea*属，包括21个物种。仅在中美洲、南美洲和赤道非洲发现过这些番木瓜的野生近缘物种。夏威夷和中国都没有番木瓜科的野生近缘物种。针对番木瓜（*C. papaya*）与相关野生物种亲缘关系的分子生物系统研究表明，番木瓜与这个科的其他成员仅具有较远的亲缘关系。在自然条件下，番木瓜（*C. papaya*）与*Vasconcellea*各物种之间不会因异花授粉而产生具有繁殖力的种子。种间杂交试验显示，只能采用体外胚拯救技术对番木瓜与其他番木瓜科物种进行杂交授粉。因此，番木瓜（*C. papaya*）在与其他番木瓜科物种在繁殖方面是隔离的，不存在与其他番木瓜科物种进行交叉育种的生物学基础。

番木瓜是高度驯化的人工栽培的品种，离开了人类的栽培和管理种植，在自然界中不可能长期生存，因而也不可能成为杂草。

在夏威夷，转基因番木瓜（如'彩虹'品种）从1998年起，每年种植约500hm^2，相当于每年种植约100万棵的彩虹番木瓜。目前夏威夷70%的番木瓜播种面积是'彩虹'。在夏威夷，没有观察到对环境与附近的生态系统，包括土壤中的微生物群落、昆虫、螨虫以及它们的天敌和其他野生生物等有害生物的进化有负面的影响（Gonsalves，1998）。实际上，转基因番木瓜对夏威夷地区的环境产生了以下有利影响：由于其病毒抗性，转基因番木瓜可以连续多年种植在同一块生长的地方，而无需砍伐新的林地或动用其他农场来种植番木瓜。而种植非转基因番木瓜时，这块地就需要与受到病毒感染的番木瓜地完全隔离，以防止PRSV病毒传播到健康的番木瓜植株。因此，用来种植非转基因番木瓜的新开垦林地和其他农场对环境会产生一定的负面影响，因为这将占用原本可以保存为森林或计划为他用的土地。

二、对微生物群落和昆虫的影响

正如上述2节对'华农1号'转基因番木瓜的研究结果所述，转基因番木瓜仅仅对目标生物——番木瓜环斑病毒产生了高度的抗性，而对其他非靶标生物没有产生任何影响。在中国台湾（Lin et al.，2004；2006）和泰国（Sakuanrungrsirikul et al.，2005）关于转*cp*基因的大量试验结果也表明，在转基因与非转基因番木瓜种植的土壤中，两者的真菌、细菌、固氮细菌、解磷微生物、蛋白溶藻细菌、线虫和昆虫等的种群都没有显著的不同。在中国台湾进行的两项环境安全的评估均显示，培植的转基因番木瓜对昆虫和螨虫或它们栖息在木瓜植株上的天敌都没有影响。此外Lin等2006年也讨论了培植的转基因番木瓜对昆虫的传粉媒介、保存与受威胁的昆虫、土壤昆虫与野生鸟类的影响，并得出转基因番木瓜在中国台湾不会造成或对生态系统只有非常低的、可忽略不计的风险的结论。

此外，泰国的Sakuanrungsirikul等在2005进行了一个详细的有关对含有*cp*转基因抗PRSV的转基因木瓜的环境安全的研究。这个研究结果也进一步支持中国台湾的研究结果，即转基因木瓜对害虫、螨、捕食螨和其他有益的昆虫如蜜蜂等没有影响。泰国的转基因番木瓜也对种植在相同土壤的其他作物或用于种植转基因番木瓜的周围的生态没有负面影响。

下面以我国转基因番木瓜'华农1号'为例，系统报道转基因番木瓜对植物内生和土壤中微生物类群和数量的影响（Li et al.，2000；冯黎霞等，2003），从而进一步说明转基因番木瓜的种植没有对生态系统群落中重要的参与者——微生物产生任何的不利影响。

（一）对内生和土壤中微生物数量的影响

定期对种植在大田中的转基因番木瓜和对照植株根系土壤微生物和植株内生微生物分别进行培养，主要针对土壤中和植株中的三大微生物：细菌、真菌、放线菌进行检测。其中细菌采用营养培养基、真菌采用虎红培养基、放线菌采用高氏一号培养基进行培养。

表4.4、表4.5和表4.6显示了各个不同番木瓜生长时期植株根围土壤微生物试验统计结果。结果显示，在各生育期内，同时期比较转基因植株和非转基因对照植株根围土壤微生物的3种微生物类群：细菌、真菌、放线菌在数量上没有显著差异，但在土壤的各个不同时期的微生物有较大的差异，这可能与水的浇灌量、植株的生育期、土壤的温度有一定的关系。实验结果表明了转基因对各个时期的番木瓜根围土壤微生物数量没有产生显著影响。

植株内生微生物（即内生菌）的测定结果显示，在植株体内主要存在的内生细菌，真菌和放线菌在试验中很少能分离获得。对内生细菌而言，转基因植株和非转基因植株没有显著差异。这表明转基因番木瓜中的外源基因没有对番木瓜的根系和内生微生物种类及数量产生影响。

表4.4　不同时期番木瓜根围土壤细菌培养数量的比较（$\times 10^7$）

	5月20日	6月20日	7月20日	8月20日	9月20日	10月21日
园优1号	4.445 ± 0.142	3.914 ± 0.096	2.997 ± 0.123	3.687 ± 0.145	2.752 ± 0.198	2.780 ± 0.147
华农1号	4.312 ± 0.112	3.274 ± 0.201	2.897 ± 0.217	3.489 ± 0.178	2.697 ± 0.179	3.012 ± 0.145
t检验	$t=9.25$, $p>0.05$	$t=2.82$, $p>0.05$	$t=2.39$, $p>0.05$	$t=1.95$, $p>0.05$	$t=1.25$, $p>0.05$	$t=1.45$, $p>0.05$

注：表中数据为3次重复的平均值±S.E.（DMRT法）；同时期比较t检验；$p>0.05$表示对照和转基因差异不显著

表4.5　不同时期番木瓜根围土壤真菌培养数量的比较（$\times 10^4$）

	5月20日	6月20日	7月20日	8月20日	9月20日	10月21日
园优1号	5.493 ± 0.106	5.34 ± 0.169	5.989 ± 0.195	5.608 ± 0.17	3.464 ± 0.114	5.234 ± 0.20
华农1号	5.183 ± 0.106	5.397 ± 0.054	5.71 ± 0.207	5.428 ± 0.262	3.529 ± 0.134	5.182 ± 0.12
t检验	$t=1.00$, $p>0.05$	$t=1.26$, $p>0.05$	$t=1.12$, $p>0.05$	$t=2.39$, $p>0.05$	$t=1.37$, $p>0.05$	$t=2.76$, $p>0.05$

注：表中数据为3次重复的平均值±S.E.（DMRT法）；同时期比较t检验；$p>0.05$表示对照和转基因差异不显著

表4.6　不同时期番木瓜根围土壤放线菌培养数量的比较（×10⁵）

	5月20日	6月20日	7月20日	8月20日	9月20日	10月21日
园优1号	11.120±0.422	10.897±0.118	11.450±0.218	9.425±0.178	9.456±0.545	11.452±0.182
华农1号	11.110±0.415	11.857±0.275	10.45±0.247	9.412±0.198	10.124±0.121	11.354±0.159
t检验	t=1.48, p>0.05	t=2.16, p>0.05	t=1.40, p>0.05	t=1.68, p>0.05	t=2.33, p>0.05	t=1.57, p>0.05

注：表中数据为3次重复的平均值±S.E.（DMRT法）；同时期比较t检验；p>0.05表示对照和转基因差异不显著

（二）对根围土壤微生物种类和功能多样性的影响

BIOLOG GN微平板反应系统是基于革兰氏阴性菌对95种不同的单一碳源利用能力上的差异来研究微生物种群功能多样性的。BIOLOG GN板ELISA反应中的AWCD反应速度和最终能达到的程度与群落内能利用单一碳底物的微生物数目与种类相关。将转基因植株和对照植株根围土壤微生物的稀释液放入BIOLOG GN微平板中，12小时后开始测量第一次AWCD值，以后每隔24小时测量一次。实验完毕后绘制土壤微生物群落温育过程中的AWCD变化曲线（图4.9）。结果显示转基因植株根围土壤微生物群落的AWCD变化曲线与对照植株根围土壤的AWCD变化曲线接近吻合。由图中曲线可以看出在12~48小时内的OD值急剧增加，而在48小时后曲线变化平缓，反映出碳源的消耗速度在12~48小时最快，而两种土壤的碳源消耗速度差异不显著。AWCD变化曲线结果表明转基因植株对根围土壤微生物的种类和数目没有产生影响。

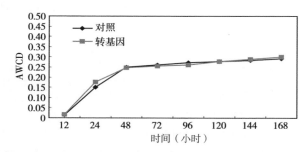

图4.9　转基因和非转基因番木瓜植株根围土壤AWCD值随时间的变化曲线

注：对照是非转基因'园优1号'，转基因是'华农1号'；每个点为重复3次平均值

进一步用反映土壤微生物群落功能多样性的指数对两种土壤的生物群落多样性进行统计分析。Shannon指数和Shannon均匀度是反映土壤微生物的丰富度和均匀度的重要指数；Simpson指数是评估某系统最常见种的优势度指数；McIntosh指数和均匀度是基于群落物种多维空间上Euclidian距离多样性的指数和均匀度。结果显示转基因植株根围土壤微生物的种群和对照植株根围土壤微生物的种群在Shannon指数、Shannon均匀度、Simpson指数、McIntosh指数、McIntosh均匀度上均没有显著差异。表明了转基因植株没有对根围土壤微生物群落的结构和功能多样性产生影响。

（三）对不同区域土壤中微生物种群和数量的长期监测结果

自2010年起，我们分别对'华农1号'在广东和海南不同种植模式的番木瓜种植园进行了多年的土壤微生物种类和群落的连续监测。通过BIOLOG、DGGE、T-RFLP和宏基因组序列测定等系列方法分析结果均表明，转基因番木瓜种植，没有对不同区域番木瓜种植土壤产生任何不利的影响，在转基因和非转基因番木瓜品种种植园中的土壤微生物类群和群落数量没有产生生物统计学意义上的显著差异。

三、病虫害地位演化的风险评估

在番木瓜上主要的病害是番木瓜环斑花叶病，该病是一种病毒病害。针对非转基因番木瓜而言，该病的传统主要防控措施包括：使用弱毒株系的交互保护、邻近不种植葫芦科寄主植物、薄膜覆盖、网室内种植、加强栽培管理等农业防控措施，目前没有任何有效的杀病毒剂等化学农药可供使用。而转基因番木瓜则高抗这一病毒病害，其大面积商品化的田间种植则彻底解决了这一生产上的主要问题。

尽管转基因番木瓜与非转基因番木瓜一样对其他病虫害没有抗性，但其他病虫害在常规栽培管理下，为害一般不严重。夏威夷转基因番木瓜自

1998年商品化种植以来至今已约20年，尚未发现有其他病虫害演变成主要病虫害而导致严重为害番木瓜生产的问题。而'华农1号'自2006年推广以来，也未见在广东和海南发现有其他病虫害为害严重的现象。导致这种现象的原因可能有：一是为害番木瓜的病虫害种类较之其他作物相对较少；二是番木瓜只能种植在热带和亚热带地区，其种植环境相对单一；三是转基因番木瓜的种植与管理模式与先前的非转基因番木瓜一样，其对其他病虫害的防控方法和措施也基本相同。因此，通过转基因番木瓜的种植，完全解决了生产上为害严重的番木瓜环斑病毒病的问题，直至目前为止，未发现有导致在番木瓜作物种植中病虫害地位演化的问题。

第六节　对靶标生物的抗性风险

目前世界上商品化生产的转基因番木瓜所转的外源基因均来自于番木瓜环斑病毒（PRSV），但二者所转的病毒基因不同。一种是以夏威夷转基因番木瓜为代表所转化的是病毒的衣壳蛋白基因（*cp*），另一种是以我国'华农1号'为代表的其转化的是病毒的复制酶基因（*rep*），这两种病毒基因转化后所产生的抗病性机制均表现为依赖同源序列的转录后的基因沉默（PTGS），即通过同源小分子干扰RNA破坏了入侵病毒的RNA（Sanford & Johnston，1985；Abel et al.，1986；阮小蕾等，2009）。下面以'华农1号'为例说明这种抗病作用机制和特点。

一、'华农1号'抗病作用机制和特点

在获得'华农1号'转基因番木瓜植株后，我们通过人工接种PRSV到转基因植株，系统研究试验分析了转基因植株在接种病毒后的不同时间内，其植株体内复制酶基因的RNA（高分子量RNA）和小分子量RNA （siRNA）在不同叶片中的表达和分布情况（阮小蕾等，2009）。结果表明如下。

在植株接种病毒之前，转基因植株中复制酶基因（rep）表达正常，其mRNA未发生降解，但经接种后在植株的接种叶及上部叶都陆续出现了rep mRNA的降解：首先是在接种后的第五天在接种叶上出现mRNA的降解（图4.10），其次是在接种后的第九天在接种叶上部第一片叶上出现mRNA的降解（图4.11），然后在接种后第十五天在接种叶上部第二片叶上出现mRNA的降解（图4.12）。但在接种叶下部第一片叶上即使在接种30天后，均未发现mRNA的降解（图4.13）。同时，在发生mRNA降解的叶片上能够发现siRNA与rep mRNA两者的量呈此消彼长的变化关系，即当rep mRNA积累量很高时，其siRNA却检测不到，而当siRNA达到可检测的量时，mRNA积累量很少或几乎完全检测不到。

在接种病毒后进行rep mRNA和siRNA检测的同时，我们也对植株中的病毒含量进行了测定。其结果正如预期所料，在siRNA未能检测出前，转基因和非转基因植株叶片中的病毒含量相当，但在转基因植株叶片中，随着siRNA的浓度越来越高，则其病毒含量越来越低，直至完全检测不出有病毒的含量。

以上结果表明，在接种病毒以前，转基因番木瓜植株中rep基因正常表达，而接种病毒后就启动了基因沉默现象。这种基因沉默现象陆续发生在接种叶及其以上第一片叶和第二片叶上，但在接种后30天内始终未发生在接种叶下部的叶片上。这一现象表明，沉默启动后，明显产生了一种系统的沉默信号，由RNA沉默初发生的接种叶位向接种叶上部的叶片和部位传递，但为什么沉默信号不向发生沉默部位以下的叶片传播还有待进一步研究。

上述结果足以证明，'华农1号'转基因番木瓜植株对PRSV具有高度的抗病性，这种抗病性与mRNA的降解及siRNA的积累有着密切的关系，转基因番木瓜的抗病性发生在转录后水平上。

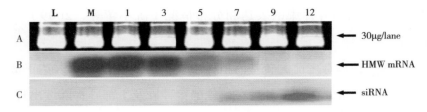

A. RNA上样量30μg/道；B. *Rep* mRNA（HMW mRNA）；C. 小分子干涉RNA（siRNA）；
L. 未接种的非转基因植株叶片mRNA；M. 未接种的转基因叶片mRNA；1~12为接种后不同时间（天）

图4.10　转基因番木瓜植株接种叶片的复制酶基因的RNA表达和降解
（Northern blot分析）

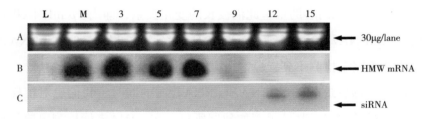

A. RNA上样量30μg/道；B. *Rep* mRNA（HMW mRNA）；C. 小分子干涉RNA（siRNA）；
L. 未接种的非转基因植株叶片mRNA；M. 未接种的转基因叶片mRNA；3~15为接种后不同时间（天）

图4.11　转基因番木瓜植株接种叶上部第一片叶的复制酶基因的RNA表达和降解
（Northern blot分析）

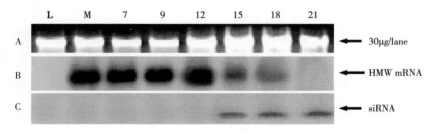

A. RNA上样量30μg/道；B. *Rep* mRNA（HMW mRNA）；C. 小分子干涉RNA（siRNA）；
L. 未接种的非转基因植株叶片mRNA；M. 未接种的转基因叶片mRNA；7~21为接种后不同时间（天）

图4.12　转基因番木瓜植株接种叶上部第二片叶的复制酶基因的RNA表达和降解
（Northern blot分析）

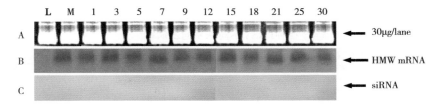

A. RNA上样量30μg/道；B. *Rep* mRNA（HMW mRNA）；C. 小分子干涉RNA（siRNA）；L. 未接种的非转基因植株叶片mRNA；M. 未接种的转基因叶片mRNA；1~30为接种后不同时间（天）

图4.13 转基因番木瓜植株接种叶下部第一片叶的复制酶基因的RNA表达和降解（Northern blot分析）

二、温室和田间抗性分析

（一）'华农1号'

转基因番木瓜对PRSV的抗性机制在于依赖同源性的基因沉默作用（阮小蕾等，2009），因此理论上而言，转基因番木瓜能够抵抗凡是与所转基因具有相应同源序列的该病毒的其他株系。如果同源序列的差异大于一定比例，则转基因番木瓜可能失去抗性。

在华南地区，我们通过多年广泛调查和PRSV株系的鉴定，发现了该病毒至少存在5种株系，分别为分离自广东的Ys、Sm和Vb，分离自海南的HN和分离自福建的VF（阮小蕾等，2004）。针对非转基因品种'园优1号'攻毒接种试验的结果表明，在所有的叶龄阶段都对这5种株系表现出高度的感病性，其发病率都达到了100%。但对于'华农1号'纯合子（*Trp /Trp*）而言，在叶龄为3~12片叶时，都对这5种株系具有高度的抗性，没有1株表现发病。而对于'华农1号'半合子（*Trp/-*）而言，在叶龄为3~12片叶时，对Ys和Vb具有高度的抗性；但对另外3个株系（Sm，HN和VF）则表现出了生育期阶段的抗性。即当植株具有3~8片叶时，病害发病率在2%~8%，但当植株具有10片后，则植株表现为不发病。其具体实验结果见表4.7。

表4.7　华农1号纯合系（*Trp/Trp*）与半纯合系（*Trp/-*）植株在不同生育期
接种PRSV不同株系的发病率

植株种类	生育期（叶龄）	接种株系或分离物及发病率（%）				
		Ys	Sm	Vb	HN	VF
华农1号（*Trp/Trp*）	3~4	0	0	0	0	0
	7~8	0	0	0	0	0
	10~12	0	0	0	0	0
华农1号（*Trp/-*）	3~4	0	5.0	0	7.0	8.0
	7~8	0	3.0	0	2.0	4.0
	10~12	0	0	0	0	0
园优1号（*-/-*）	3~4	100	100	100	100	100
	7~8	100	100	100	100	100
	10~12	100	100	100	100	100

　　进一步对这些株系或分离物的复制酶基因进行核苷酸水平的相似率分析，我们发现他们之间的相似率均达98.0%以上，理论上而言，'华农1号'转基因番木瓜应该对这些株系或分离物具有高度的抗性。

　　事实上，自'华农1号'于2006年在广东、2010年在华南五省市种植以来，我们每年都对转基因番木瓜病虫害发生情况进行广泛调查和监测，至今尚未发现'华农1号'由于PRSV的不同株系或由于株系变异而导致的田间植株发病和为害情况。

（二）夏威夷品系55-1

　　在转基因番木瓜商业化之前，夏威夷课题研发团队对夏威夷的转基因番木瓜进行了PRSV不同株系的致病性测试（Gonsalves，1998；Ferreira et al.，2002；Fermin et al.，2010）。测试结果均表明，转基因品系55-1对夏威夷PRSV的所有株系都高度抗病。而且，转基因番木瓜在夏威夷PRSV存在的情况下已商业化种植了近20年，迄今为止还没有发现任何失去抗性的现象。

在早期的研究中，研究团队（Tennant et al.，2001）还测试了夏威夷以外的包括来自中国、泰国、巴西、菲律宾、越南等10多个不同国家和地区的众多PRSV株系的抗性，结果发现这些来自于夏威夷以外的株系都可以使转基因品系55-1致病，这表明转夏威夷PRSV的衣壳蛋白基因所获得的转基因番木瓜仅对夏威夷当地的多种株系抗病，而不能抗来源于其他国家和地区的番木瓜PRSV株系。分析其原因主要在于，这些来源于夏威夷以外的PRSV株系没有与55-1品系所转的PRSV cp基因有足够的核酸序列相似性，其序列的差异导致了转基因品系55-1不抗这些株系。

因此，在夏威夷主要关注的问题是新的株系有可能从外地被引进到夏威夷，从而导致转基因番木瓜丧失应有的抗性。

第五章　转基因番木瓜的食品安全性评价

　　在转基因番木瓜研发过程中，除了对环境安全性进行评价外，对食品安全性进行评价是商品化生产之前最重要的一个评价环节。目前在国内外食品安全性评估指标中，主要包括必要的动物毒理学评价、食品过敏性评价，与非转基因植物相比，转基因植物的营养物质和抗营养因子分析以及可能的非预期效应等（沈平和黄昆仑，2010）。

　　目前商品化的转基因番木瓜品种主要为美国的'日升'（SunUp）、'彩虹'（Rainbow）和我国华南农业大学研发的'华农1号'，所转的外源目的基因均来自于番木瓜环斑病毒（PRSV）。值得指出的是，PRSV是目前国内外为害番木瓜的一种最主要病害的病原，在栽种非转基因番木瓜品种中，由于不抗该病，因此所有的番木瓜植株基本上都会受到该病毒的侵染，即在人们食用的番木瓜果实中都已普遍存在大量该病毒的各种组成成分，包括转基因番木瓜中所转的衣壳蛋白基因（cp）和复制酶基因（rep）以及相关表达产物。在番木瓜种植和食用的几百年历史中，从未发生因食用番木瓜而对人类和其他动物导致有害的报道。因此，现有的转基因番木瓜从理论上而言与非转基因番木瓜具有实质等同性，不会对人类食用安全造成不良影响。

尽管如此，转基因番木瓜在商品化生产前，都需要按照国际和相关国家通用及相关的安全标准进行严格的食用安全性评价，并需获得政府审查许可通过（李华平等，2007；李世访，2011；陈飞等，2012）。夏威夷转基因番木瓜在1996年通过美国动植物检疫局、食品药物管理局和环境保护局的审查通过，于1997年开始在美国商品化生产；于2002年和2011年分别通过加拿大和日本政府审查，分别于2003年和2012年开始大量出口到加拿大和日本供人们消费。我国研发的'华农1号'在1999年获得成功后，分别于2000—2006年完成了中间试验、环境释放、安全性生产试验以及安全证书申请等各个安全评价阶段，于2006年获得在广东省生产应用的安全证书，随后于2010年获得在我国番木瓜适生区生产应用的安全证书；由于我国颁发的安全证书有效期仅有5年，我国研发团队于2015年进行续申请，再次获得在我国番木瓜适生区生产应用的安全证书。以上申请阶段的所有安全性评价结果均表明，这些转基因番木瓜与传统非转基因番木瓜一样，具有食用安全性，没有发现任何食用潜在的不利风险。

值得指出的是，传统的非转基因番木瓜植株在田间生产种植期间主要的问题是受番木瓜环斑病毒（PRSV）的侵染，其侵染率几乎达100%。因此，长期以来人们所消费的番木瓜果实中都含有PRSV，包括病毒各种蛋白和核酸。这些物质正如人们食用的由植物生产的食品中（如白菜、菜心）往往都含有植物病毒一样，这些物质对动物、包括人类都是无害的。

第一节　新表达物质的毒理学评价

一、目标基因和标记基因产物的分子和生化特征

（一）目标基因

转基因番木瓜所转的基因分别是番木瓜环斑病毒的衣壳蛋白基因（*cp*）

和突变的复制酶基因（*rep*）。

夏威夷所转的*cp*基因来源于夏威夷PRSV的一个弱毒株系（Fitch et al.，1992；1993），其基因长度是867bp，推导的氨基酸为288个，编码一个分子量约为36kDa的蛋白质，是构成植物病毒粒体的蛋白质，也称外壳蛋白。该蛋白主要包装病毒的RNA基因组，起保护RNA基因组的作用，另外在许多马铃薯Y病毒科中，这种蛋白还能影响到昆虫传媒特异性和病毒在植物体中的长距离运输。

华农1号所转的*rep*基因来源于我国华南地区PRSV的Ys株系（Li et al.，2000；阮小蕾等，2001）。该株系的原始基因全长为1 707bp，表达一个全长为568个氨基酸残基，分子量约为65kDa。该蛋白是一种非结构蛋白，主要负责病毒入侵后在番木瓜植株体内的复制。在基因转化操作中，转化的*rep*基因人为缺失了原始的*rep*基因序列5′端的105个核苷酸，使得所转化的*rep*基因为PRSV复制酶的缺失突变体。该突变体全长为1 602bp，编码533个氨基酸残基，理论上缺失了在番木瓜植株体内负责病毒复制的能力。

（二）标记基因

在美国和我国的转基因番木瓜中都含有卡那霉素抗性标记基因。该基因名称为新霉素磷酸转移酶（neomycin phosphotransferase；NPT Ⅱ）基因，其大小为794个核苷酸，来源于大肠杆菌转座子Tn5，它编码的产物能将卡那霉素分子中的磷酸基团转移到特定的羟基位置，从而抑制卡那霉素与植物的核糖体相结合的酶，这样使得转基因植物具有对卡那霉素的抗性。

在植物基因工程中，卡那霉素抗性基因是被广泛应用的选择标记基因。在早期的研究中，通常是将目标基因和标记基因一同转化入植物细胞。由于在基因转化中能成功被转化导入目的基因的细胞数量很少，因此必须从大量非转化（未导入目的基因）的细胞中筛选出来，这样卡那霉素就作为一种筛选剂常常加入到选择培养基中，从而对转化体进行筛选。由于没有转化的植物细胞不含卡那霉素抗性基因，而卡那霉素能够干扰植物细胞中叶绿体及线粒体的蛋白质合成，最终导致植物组织或细胞的死亡；而转化成功的植物细胞由于含有卡那霉素抗性基因而抑制了卡那霉素的作用，因而在含有卡那霉素的筛选培养基中，成功导入目的基因的细胞才能正常生长、发育和分化成转基因植株。所以通过卡那霉素，转化体就很容易从非转化体中筛选区别出来。

卡那霉素抗性基因是转基因植物中被第一个使用的标记基因。美国食品药品监督管理局（FDA）1994年批准的首例商业化应用的转基因延熟番茄中即含有卡那霉素标记基因。目前卡那霉素标记基因仍然是转基因植物研究中最常用的标记基因。据统计，目前90%以上的商品化生产的转基因植物中都是使用卡那霉素抗性基因作为标记基因。由于卡那霉素在植物的遗传转化中是应用最早、且最为广泛应用的一种筛选剂，因此其抗性基因的生物安全性问题在植物基因工程开始之初就受到了人们的普遍关注。

针对该基因，科学家分别就转基因植株的表达、环境安全性、水平扩散和转移、抗生素医疗安全性、人畜食用安全性、次生效应等进行了广泛和深入的研究（Fuchs et al.，1993；Fuchs et al.，2007；Ramessar et al.，2007；Powell et al.，2008；2010；徐茂军，2001，Rao et al.，2012；宋欢等，2014）。大量试验事实表明卡那霉素标记基因不存在生物安全性问题。世界卫生组织（WHO）于1993年和FDA于1994年得出此结论，认为转基因植物中卡那霉素标记基因本身无食用安全性问题，且FDA于1994年批准卡那霉素抗性基因编码蛋白可作为人类食品和动物饲料的一种食品添加剂而使用（FDA，1994）。

二、与已知毒蛋白质、致敏原和抗营养因子的氨基酸序列相似性比较

将转入番木瓜的PRSV复制酶基因和衣壳蛋白基因的氨基酸序列，与现有的国际上各种与转基因相关的数据库，包括GenBank、EMBL、PIR及

SwissProt等中的过敏源序列、毒蛋白序列、抗营养因子序列等进行搜索比对。结果表明,病毒的复制酶基因和衣壳蛋白基因的氨基酸序列与上述数据库中的相应序列没有连续8个相同的氨基酸序列,且与已知过敏源序列、毒蛋白序列、抗营养因子序列等的相似性均小于35%(Li et al.,2000;Fermin et al.,2001,阮小蕾等,2010)。这表明转入的病毒复制基因和衣壳蛋白基因不是已知的蛋白过敏原、毒蛋白或抗营养因子。

第二节 外源基因表达、稳定性及模拟消化试验分析

一、植物表达部位、稳定性和含量

由于'华农1号'和夏威夷转基因番木瓜所转的外源基因都是使用的花椰菜花叶病毒35S启动子,因此理论上在植物组织中的各部位都会表达外源基因。但由于二者的转基因植株所依据的抗性机制均为转录后的基因沉默,因此所转的基因在不接种病毒或转基因植株未受到病毒侵染的前提下,其插入序列均表达稳定,但当病毒侵染后,由于转录后基因沉默的作用,从而导致病毒基因和所转的目标基因表达的mRNA的降解,因而在转基因植株中反而检测不到病毒和插入序列mRNA的存在(阮小蕾等,2009)。而实际上在田间几乎所有的番木瓜植株在种植3个月后都会受到PRSV的感染(蔡建和和范怀忠,1994;杨培生等2007;Gonsalves,1998),因此在田间的转基因植株中很难检测到外源目标基因的表达。

(一)'华农1号'

在"安全性生产试验"评价阶段,我们对转基因番木瓜'华农1号'和非转基因番木瓜植株的叶片和果实,在植株受到病毒侵染和非侵染情况下,分别测定分析了复制酶基因的表达情况(阮小蕾等,2009)。结果表

明，在植株未受到PRSV侵染情况下，在转基因植株的叶片、青果果皮和果肉、以及熟果果皮中都能检测到复制酶基因的mRNA的正常表达。但当植株受到PRSV侵染后，转基因植株的叶片、果实果皮和果肉均检测不到外源基因表达，而非转基因植株则检测到这一特异片段。这些结果与预期相符。即在未感染病毒情况下，转基因植株复制酶基因能够正常转录，其转录的mRNA能够被检测到，但当受到病毒侵染后，由于基因沉默的作用，其转录的mRNA被降解，则不能检测到外源基因的表达。对于非转基因植株，在未受到病毒侵染情况下，不可能检测到病毒的复制酶基因片段，而当受到病毒侵染后，才可能检测到病毒的这一基因片段。

由于番木瓜环斑病毒在自然界中的广泛存在，而且该病毒通过多种蚜虫以非持久性方式传播，因此转基因番木瓜和非转基因番木瓜的植株同样在种植田间的1~3个月基本上100%都会受到病毒的侵染（蔡建和和范怀忠，1994；杨培生等，2007）。故此，转基因番木瓜植株在田间生长期间，往往由于基因沉默的作用而最终在植株中不含有复制酶基因的表达产物，这种转病毒基因的番木瓜果实在消费时，与未受到病毒感染的非转基因番木瓜果实相同。

（二）夏威夷转基因番木瓜

夏威夷研发团队（Fermin et al.，2011）对夏威夷转*cp*基因番木瓜的纯合子'日升'和半合子'彩虹'以及非转基因品系'日落'、'Kapoho'和'Kamiya'中的PRSV的CP蛋白含量同样进行了系统研究。表5.1列出了番木瓜叶片和果实组织中的CP蛋白通过血清学方法检测得出的含量结果。从表中可以看出，不管是转基因，还是非转基因，其叶片组织中的CP表达水平明显比果实中的含量要高。在叶片中，非转基因品种'Kapoho'在受到PRSV侵染后的CP含量高达3 580.6μg/g鲜重，比转基因半合子'彩虹'和纯合子'日升'分别高约14倍和26倍。而在果实中，非转基因品种'Kamiya'的CP含量为48.5μg/g鲜重，比转基因半合子'彩虹'高近8倍，但在转基因纯合子'日升'中没有检测到（低于检测水平）。这表明病毒CP蛋白的含量在病毒侵染后，在非转基因植株中的含量很高，而在转基因植株中含量相对较低；在转基因植株中，由于*cp*基因含量的不同，其CP表达量也存在差异，这可能是由于基因沉默效率在纯合子比在半合子中的更加强烈所致。

表5.1　在转基因和非转基因番木瓜果实以及叶片组织中的CP含量
（引自Fermin et al., 2011）

处理	组织	样品数量	CP（μg/g鲜重）	标准偏差
彩虹	果实	5	6.3	2.1
日升	果实	5	ND[a]	—
日落（未感染）	果实	5	ND	—
Kamiya（感染）	果实	5	48.5	28.3
彩虹	叶片	1	257.6	
日升	叶片	1	137.0	
Kapoho（感染）	叶片	1	3 580.6	
Kapoho（未感染）	叶片	1	ND	

注：[a]ND=低于0.25μg蛋白/g鲜重的检测极限

二、模拟胃液和肠液消化试验

转基因番木瓜所转的目标基因分别为PRSV的复制酶基因和衣壳蛋白基因，二者是植物病毒基因组中的两个重要组成基因。在转基因番木瓜推广种植之前，由于该病毒100%侵染非转基因番木瓜，因此人们在日常消费番木瓜水果的同时，必然也同时消费整个PRSV病毒，包括这两个基因和其表达产物。理论上这两个基因和表达产物在我们消化系统中会被迅速降解。夏威夷研发团队（Gonsalves，1998；Fermin et al.，2011）分别利用从侵染病株中分离提纯的天然的CP蛋白和通过遗传重组产生的CP蛋白进行了相关模拟试验。结果表明，两种纯化蛋白在模拟胃液中可在4秒钟内被快速降解，而在模拟肠液中，在15分钟后有约50%的CP降解，这与理论预期相符。

　　'华农1号'番木瓜所转的目标基因为病毒的复制酶基因，这一基因产物是一种负责病毒复制的功能蛋白，由于不能从提纯病毒产物和已受到病毒侵染的植株中通过提纯的方法而获得，因此我们通过遗传重组的方法在体外构建表达了这一功能蛋白，并进行了模拟胃液和肠液消化试验（Ye & Li，2000；阮小蕾等，2010）。具体结果如下。

1. 外源基因的获得

　　以转基因番木瓜组织为材料提取总RNA，利用高保真PCR扩增酶进行PCR扩增反应。扩增反应的电泳检测结果（图5.1）表明，能从转基因植株叶片总RNA中扩增出一条约1 600bp的条带。进一步对这一条带进行序列分析的结果表明，这一扩增片段与我们所转入的复制酶基因片段完全一致。

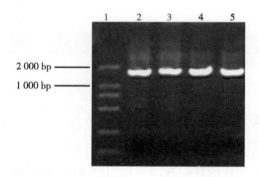

1. DL2 000 DNA Marker；2~5. 转基因番木瓜叶片

图5.1　'华农1号'转基因植株叶片中复制酶基因全长RT-PCR扩增结果

2. PRSV *Rep*基因的原核表达的构建和转化

　　通过常规克隆方法对PCR扩增的片段进行克隆，最终克隆获得含有外源基因的重组质粒pET.*Rep*。重组质粒用*Bam*H I和*Sal* I进行双酶切鉴定结果如图5.2。

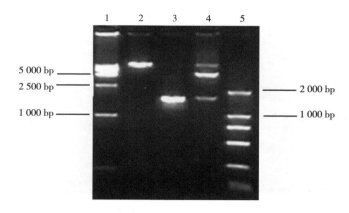

1. DL15 000 DNA Marker；2. 对照未酶切重组质粒；3. PCR鉴定结果；
4. 经*Bam*H I和*Sal* I双酶切的重组质粒；5. DL2 000 DNA Marker

图5.2　'华农1号'转基因番木瓜重组质粒pET.Rep鉴定

取PCR和酶切鉴定均为阳性的克隆，通过碱裂解法抽提质粒，纯化后测序分析。结果表明，构建的表达载体pET.Rep上PRSV *rep*基因的ORF是正确的，内含有1 602个碱基，应表达一个全长为533个氨基酸残基，分子量约为63kD，N端带有6个组氨酸标签。将构建好的重组表达载体转化*E. coli* BL21（DE3），随机挑取的2个菌落，扩大培养后抽提质粒，经PCR鉴定均呈阳性（图5.2），说明这些菌落含有pET. Rep，可用于诱导表达的研究。

3. 融合基因的诱导表达

分别收集于经1mmol/L IPTG诱导时间为1小时、2小时、3小时、4小时、5小时的细菌，经裂解后，上样于变性聚丙烯酰胺凝胶进行电泳，考马斯亮蓝染色。结果（图5.3）表明：含pET.Rep的宿主菌在37℃进行诱导表达1小时后，就产生一条约63kD左右特异蛋白带，这与预期pET.Rep表达的融合蛋白大小基本相同，且蛋白表达量随着时间的增长而明显增多；在大肠杆菌BL21（DE3）、携带pET-28b（+）空载体的BL21（DE3）以及没有诱导的重组细胞对照中，该处都没有明显条带，这表明该条带即为融合的pET. Rep蛋白。

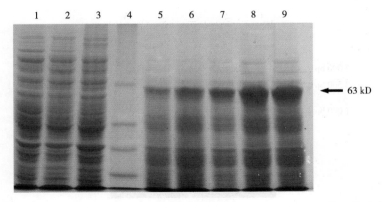

1. IPTG诱导的*E.coli* BL21（DE3）；2. IPTG诱导的pET-28b（+）；3. 未诱导的含有pET. *Rep*的*E.coli* BL21（DE3）；4. 高分子量蛋白Marker；5~9. 分别由IPTG诱导1小时、2小时、3小时、4小时、5小时的含有pET. *Rep*的*E.coli.* BL21（DE3）

图5.3　PRSV复制酶基因原核表达蛋白的SDS-PAGE电泳分析

4. 融合表达蛋白的可溶性分析

为了选择纯化方法，将表达的融合蛋白进行可溶性分析。结果显示：融合蛋白主要表达在沉淀中，而上清液中几乎没蛋白表达，这可能与诱导的条件有一定关系，但在37℃、1mmol/L的诱导条件下可见融合蛋白主要以包涵体的形式存在（图5.4）。

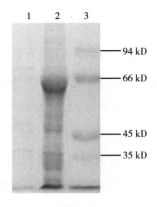

1. 上清液中的蛋白；2. 菌液沉淀中的蛋白；3. 蛋白Marker

图5.4　PRSV复制酶基因表达的融合蛋白可溶性分析（SDS-PAGE电泳）

5. 包涵体中的蛋白纯化和蛋白复性

Ni-NTA树脂对His标签具有较强的亲和力，利用融合蛋白中6个组氨酸标签，采用亲和层析的方法，将表达于包涵体中的融合蛋白进行分离和纯化。将30μL洗脱液与30μL 2×SDS的凝胶上样缓冲液混合，在沸水中煮5分钟，取15μL上样，进行SDS-PAGE电泳。结果显示：亲和纯化的效果较好，其蛋白纯度较高，能出现一条大小为63kD的单一蛋白条带（图5.5）。

将稀释法与透析法相结合，采用常规的复性条件进行复性。在复性的过程中，可以观察到蛋白的溶解度得到明显的提高，对复性的蛋白再次进行SDS-PAGE电泳检测，可明显观察到复性蛋白的特异条带。

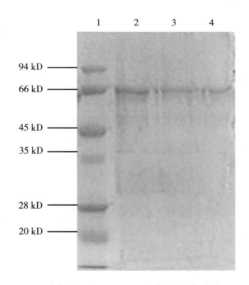

1. 蛋白Marker；2~4. 亲和层析收集液

图5.5　PRSV复制酶基因表达的融合蛋白纯化产物的SDS-PAGE分析

6. 模拟胃液消化实验

在模拟胃液的条件下（含胃蛋白酶的溶液，pH值为1.2，37℃），纯化的变性蛋白以及经过复性的蛋白都能在15秒内降解（图5.6）。

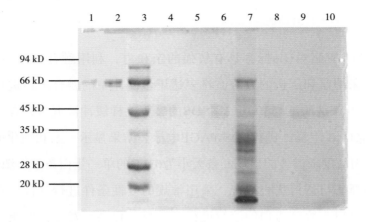

1. 复性的蛋白；2. 变性蛋白；3. 蛋白分子量标准；4、5、6. 分别为消化15秒、1分钟、60分钟的变性蛋白；7. 包涵体对照；8、9、10. 分别为消化15秒、1分钟、60分钟的复性蛋白

图5.6　模拟胃液消化变性与复性的复制酶表达蛋白的SDS-PAGE分析

7. 模拟肠液消化实验

在模拟肠液中（含胰蛋白酶的溶液，pH值=7.5），纯化的变性蛋白以及经过复性的蛋白在37℃下共培养，均在15秒内即失去活性（图5.7）。

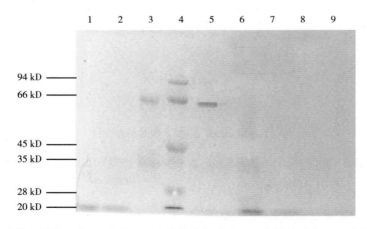

1、2、6. 分别为消化15秒、1分钟、60分钟的变性蛋白；3. 复性的蛋白；4. 蛋白分子量标准；5. 变性的蛋白；7、8、9. 消化15秒、1分钟、60分钟的复性蛋白

图5.7　模拟肠液消化变性与复性的复制酶表达蛋白的SDS-PAGE分析

综上结果表明，'华农1号'所转的病毒复制酶基因的表达蛋白，在模拟胃液和肠液消化的条件下，均可在15秒内就迅速降解。结合夏威夷转基因番木瓜的CP蛋白在模拟胃液条件下4秒内完全降解的结果，在此可以得出明确结论，转基因番木瓜中所转的两种基因（*cp*和*rep*）的表达产物在模拟胃液里非常容易被消化，不具有形成过敏原的生存条件。

三、可食部分摄入量分析

（一）我国转基因番木瓜

对于中国转基因番木瓜'华农1号'而言，由于所转的基因是缺失了约100bp的病毒复制酶基因的一个片段，且该基因为病毒的功能蛋白基因，通常在植物中的表达是不稳定的，因此我们重点关注其果实中表达的mRNA。

对'华农1号'转基因和非转基因番木瓜果实，在病毒侵染和非侵染情况下，进行复制酶基因的RT-PCR检测（阮小蕾等，2009）分析表明，在植株未受到PRSV侵染情况下，在转基因青果表皮和果肉以及熟果表皮中都能检测到外源基因的mRNA的正常表达，即能扩增出外源基因473bp特异条带，而非转基因果实则没有这一扩增带，其部分检测结果见图5.8。在植株感染PRSV后，其结果正好相反，即转基因植株果实检测不到外源基因表达，而非转基因植株则能检测到这一特异片段。这些结果与预期相符。即在未感染病毒情况下，转基因植株外源基因能够正常转录，其转录的mRNA能够被RT-PCR检测到，但当受到病毒侵染后，由于基因沉默作用，其转录的mRNA被降解，则不能检测到外源基因的表达。对于非转基因植株而言，在未受到病毒侵染情况下，不可能检测到外源基因，而当受到病毒侵染后，RT-PCR所检测到的是病毒的复制酶基因片段。

对于番木瓜成熟果实而言，由于果肉中主要含有糖类、酸类、水分以及维生素C等物质，包括mRNA在内的核酸含量均很少，我们曾多次尝试从成熟果实的果肉中提取mRNA进行病毒复制酶特异片段的RT-PCR扩增都不成功。因此我们推测，人们在消费'华农1号'的成熟果实时，其摄入含有复制酶基因表达产物的量可能甚微。

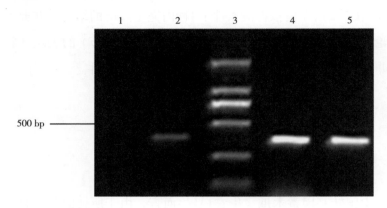

1. 非转基因对照；2. 转基因叶片；3. DL2 000 DNA Marker；
4. 转基因青果；5. 转基因熟果表皮

图5.8 华农1号转基因植株在未受到PRSV侵染下复制酶基因的RT-PCR电泳分析

（二）夏威夷转基因番木瓜

夏威夷转基因番木瓜所转的基因是病毒的*cp*基因，该基因的最终表达产物是一种结构蛋白，该蛋白能够稳定存在于植株细胞中。夏威夷研发团队（Fermin et al.，2010；2011）对转基因和非转基因果实中在受到PRSV侵染前后的CP含量进行了测定。结果表明，转基因纯合子'日升'的CP含量低于检测水平（CP检测极限则相当于0.25μg CP/g鲜重的水果），而杂合子'彩虹'的CP含量为6.3μg CP/g新鲜果，而非转基因感染的水果中CP的含量为48.5μg CP/g新鲜果。以夏威夷番木瓜平均单果重568g来计算，则'彩虹'果实含量为3.6mg CP/果，'日升'果实含量为0.14mg CP/果，而非转基因感病果实中病毒CP含量为27.5mg CP/果。如果一个人按每天、每周或每月消费一果来计算，其CP的年摄入量的估计见表5.2。从表5.2结果可知，如果每天消费一果，则每年摄取转基因果实中的CP含量为51.8~1 306.1mg；而如果消费非转基因果实的话，则每年摄取的CP含量将高达10 055.0mg。

表5.2　转基因和非转基因PRSV自然感染的番木瓜果实中CP的消费量（mg/年）估计[a]

食用量	彩虹[b]	日升[c]	感病果[d]
每天一果	1 306.1	51.8	10 055.0
每周一果	186.1	7.4	1 432.5
每月一果	42.9	1.7	330.6

注：a. 以平均单果重568g来估算。b. 彩虹含有6.3µg CP/g新鲜果或3.6mg CP/果。c. 日升中未能检测出CP。以CP检测极限则相当于0.25µg CP/g鲜重的果，或0.14mg CP/果。d. 非转基因感染该病毒的果含有48.5µg CP/g果，或27.5mg CP/果

第三节　果实的营养成分和内源毒物BITC的含量分析

一、果实营养成分的比较分析

（一）华农1号

采用常规方法对转基因番木瓜'华农1号'和非转基因番木瓜'园优1号'（'华农1号'的基因转化受体品种）的成熟度一致的成熟果实进行了常规营养成分的测定（阮小蕾等，2010），结果见表5.3。

表5.3　'华农1号'转基因和非转基因番木瓜果实中常规营养成分的测定

项目	单位	华农1号	园优1号
还原糖	g/100g	11.00 ± 2.31	10.02 ± 1.98
可溶性总糖	g/100g	12.80 ± 2.54	11.19 ± 2.89
总酸量	g/kg	0.99 ± 0.21	0.96 ± 0.28
水分	g/100g	88.70 ± 9.35	87.64 ± 10.52
还原型维生素C	mg/100g	91.98 ± 5.52	90.72 ± 6.01
糖酸比	—	12.930 ± 2.140	11.650 ± 2.013
粗蛋白	g/100g	0.64 ± 0.21	0.67 ± 0.19
粗纤维	g/100g	0.60 ± 0.15	0.70 ± 0.23
粗脂肪	g/100g	0.010 ± 0.006	0.010 ± 0.007

注：表中数据为5次重复试验的平均值 ± S.E.（DMRT法）；同行数据t检验$p>0.05$表示转基因和对照差异不显著

表5.3中的结果表明，在所测定的常规番木瓜果实的9种成分中，转基因和非转基因番木瓜成熟果实在5%的统计学水平上没有显著差异。这表明转基因番木瓜'华农1号'与非转基因番木瓜亲本品种'园优1号'在果实营养上具有实质等同性。

（二）夏威夷转基因番木瓜

夏威夷研发团队（Tripathi et al., 2011）对转基因'彩虹'和非转基因的杂交品种（遗传背景一致）在非病毒感染情况下，对果实成熟的3个不同阶段进行了营养成分分析。这3个阶段分别为：第一阶段，果实在开始变色时收获（绿熟果），并立即检测；第二阶段，果实在开始变色时收获，并让其在20℃下充分成熟至全黄色（树下熟），之后检测；第三阶段，树上成熟的全黄色果实（树上熟），收后并检测。测定的结果分别见表5.4和表5.5。

表5.4结果显示了转基因'彩虹'（Rb）与非转基因番木瓜（Hyb）在3个不同的成熟阶段中7种不同营养成分的含量。正如预期的那样，成熟果实含水量下降而碳水化合物显著增加。Rb果实由开始变色到完全成熟失去了2.7%的水分，而碳水化合物的含量增加了2%。Hyb果实也与此类似。

在这项研究中蛋白质的分析是十分重要的，因为不知道新的蛋白质（可能是由于转基因表达的CP蛋白）与番木瓜全蛋白含量的比例。表5.4的结果表明，在不同果实的成熟阶段，Rb蛋白含量没有比非转基因Hyb木瓜高，相反，与Hyb相比，Rb蛋白质含量在果实开始变色期时较低，但在果实完全成熟期则不明显。在各种果实成熟阶段，Rb和Hyb在所有其他营养含量上没有显著不同（$P<0.05$）。总之，Rb番木瓜的营养成分含量（水分、蛋白质、脂肪、碳水化合物、纤维及灰分）与非转基因番木瓜对比均相类似。

表5.4还总结了所测试的转基因的Rb和非转基因的Hyb木瓜果实中其维生素含量的测试结果。所测试样品的维生素E的含量均低于检测限（<0.4mg/100g），但维生素A和维生素C的含量则随着果实的成熟而显著增加，尤以树上熟的果实中的含量最高。Rb和Hyb树上熟果的维生素A（基于p-胡萝卜素量）最

高的浓度分别为262IU/100g鲜果和138IU/100g鲜果。树上熟果维生素C最高的含量Rb是84.9mg/100g鲜果，非转基因的Hyb是75.9mg/100g鲜果。Rb的维生素含量在不同成熟期的变化与Hyb有类似的趋势。然而，维生素A在Rb成熟的各个阶段均显著增高（$P<0.05$），而维生素C含量在Rb和Hyb之间无统计学的差异。

表5.4　转基因'彩虹'和非转基因杂交系列番木瓜果实在不同的成熟阶段营养成分的分析（引自Tripathi et al.，2011）

	测试的番木瓜果实成熟阶段					
	成熟绿果		树下熟果		树上熟果	
	转基因（Rb）	非转基因（Hyb）	转基因（Rb）	非转基因（Hyb）	转基因（Rb）	非转基因（Hyb）
水分（g/100g）	87.1 ± 0.3ab	87.7 ± 0.7a	86.1 ± 0.1cd	86.6 ± 0.2bc	85.0 ± 0.1e	85.5 ± 0.2de
蛋白质（g/100g）	0.743 ± 0.05b	0.831 ± 0.03a	0.843 ± 0.01a	0.829 ± 0.04a	0.779 ± 0.06ab	0.702 ± 0.01b
脂肪（g/100g）*	<0.100	0.157 ± 0.05	0.171 ± 0.02	0.169 ± 0.003	0.158 ± 0.07	0.141 ± 0.00
纤维（g/100g）	0.632 ± 0.06a	0.631 ± 0.06a	0.560 ± 0.05ab	0.576 ± 0.04ab	0.490 ± 0.09b	0.535 ± 0.04ab
灰分（g/100g）	0.437 ± 0.02ab	0.460 ± 0.03a	0.388 ± 0.04ab	0.364 ± 0.06b	0.445 ± 0.03a	0.410 ± 0.01ab
能量（kJ/100g）	209.3 ± 4.6de	200.5 ± 11.7e	229.0 ± 5.0bc	219.8 ± 4.6cd	245.3 ± 2.5a	236.6 ± 4.6ab
维生素A（IUA/100g）	105 ± 9.6cd	50.3 ± 5.6e	156 ± 6.8b	87.6 ± 29.6de	262 ± 18.2a	138 ± 18.6bc
维生素C（mg/100g）	57.4 ± 1.6cd	46.3 ± 7.9d	68.3 ± 13.0bc	65.8 ± 2.6bc	84.9 ± 2.7	75.9 ± 3.5ab

注：①表中显示的数值是32个番木瓜果实组成的4个复合样品的平均值，平均值±SD。所有的值都是基于鲜重

②*因为重复不足，不进行统计分析

③根据Tukey HSD的平均分离试验，在a=0.05的水平上，平均值在同一行里如标有相同的字母则没有显著差异

矿物质的分析结果（表5.5）表明，Rb和Hyb番木瓜的钙、磷、钠、铜从果实开始变色至全熟略有下降趋势，但其他矿物质却没有明显的变化。

在Rb果实中，钙、镁、铜和锌的含量稍高，但只有钙与Hyb显著不同，但仍在对番木瓜的报道值范围内，其他矿物质成分含量二者均无显著差异。

表5.5 转基因'彩虹'（Rb）和非转基因杂交系列（Hyb）果实在不同成熟阶段的矿物质含量（mg/100g鲜果）（引自Tripathi et al.，2011）

	测试的木瓜品种和果实成熟阶段					
	成熟绿果		树下熟果		树上熟果	
	转基因（Rb）	非转基因（Hyb）	转基因（Rb）	非转基因（Hyb）	转基因（Rb）	非转基因（Hyb）
钙	14. ± 1.84bc	23.9 ± 1.59a	11.9 ± 1.92c	21.3 ± 4.53a	9.51 ± 0.86c	19.6 ± 2.41ab
镁	20.8 ± 1.49a	18.7 ± 0.92ab	19.1 ± 2.85ab	19.8 ± 2.85ab	15.9 ± 1.74b	17.4 ± 2.03ab
磷	6.58 ± 0.48ab	6.88 ± 0.83a	5.07 ± 0.20c	5.57 ± 0.17bc	6.20 ± 0.46ab	6.30 ± 0.49ab
钾	166 ± 14.7a	133 ± 2.2ab	138 ± 6.61ab	122 ± 4.1b	162 ± 18.8ab	135 ± 25.4ab
钠	2.86 ± 0.19ab	3.17 ± 0.31a	2.34 ± 0.29b	2.81 ± 0.24ab	2.51 ± 0.43ab	2.69 ± 0.47ab
	微量元素					
铜	0.06 ± 0.004a	0.05 ± 0.02ab	0.02 ± 0.003c	0.03 ± 0.02bc	0.04 ± 0.004abc	0.04 ± 0.005abc
铁	0.07 ± 0.03a	0.08 ± 0.07a	0.05 ± 0.04a	0.07 ± 0.03a	0.07 ± 0.004a	0.08 ± 0.02a
锰	0.02 ± 0.002a	0.01 ± 0.004ab	0.01 ± 0.002bc	0.01 ± 0.002c	0.01 ± 0.002ab	0.01 ± 0.002bc
锌	0.04 ± 0.006a	0.06 ± 0.02a	0.03 ± 0.01a	0.04 ± 0.008a	0.05 ± 0.005a	0.07 ± 0.03a

注：①表中显示的值是32个番木瓜果实组成的4个复合样品的平均值，平均值±SD。所有的值都是基于鲜重

②根据Tukey HSD的平均分离试验，在a=0.05的水平上，平均值在同一行里如标有相同的字母则没有显著不同

综上测定结果表明，在转基因和非转基因番木瓜之间的17种营养成分含量在果实成熟的任何阶段无显著差异。然而，转基因果含较高的维生素A和较低的钙。转基因成熟绿色果里具有较高水平的蛋白质和木瓜蛋白酶，但在完全成熟的果实中无统计学差异。

二、内源毒物BITC含量的比较分析

异氰酸苯（benzyl isothiocyanate，BITC）是一种自然存在于许多水果

和蔬菜中的挥发性化合物。早期的研究（Tang，1971）表明，在番木瓜绿色组织中存在BITC。部分毒理学研究表明，这一物质可能与孕妇习惯性流产和日本70岁以上男性前列腺癌高发生率相关。因此有必要分析这一内源毒物的含量是否受到转基因的影响。

（一）'华农1号'

采用液相萃取的方法，从生长条件一致的转基因'华农1号'与非转基因'园优1号'番木瓜的青果种子、青果果肉、熟果种子、熟果果肉中分别提取BITC，每个处理3个重复，将各样品浓缩后送到广州分析测试中心，进行气相色谱分析，测定其含量，结果见表5.6。从表5.6可以看出，不论转基因和非转基因品种，BITC的含量在种子中都高于果肉，在青果果肉中高于熟果果肉；但在转基因与非转基因的青果种子间、青果果肉间、熟果种子间以及熟果果肉之间等的BITC的含量并不存在显著差异。因此可以认为在内源毒物BITC的含量方面，'华农1号'转基因番木瓜与非转基因番木瓜'园优1号'具有实质等同性，没有因复制酶转基因的转化而导致内源毒物BITC在转基因番木瓜植株所结果实和种子中含量的增加。

表5.6　'华农1号'和非转基因番木瓜不同组织中BITC的含量（mg/100g）

类型	处理1	处理2	处理3	平均数	平均数标准差	t测验
非转基因青果种子	0.051 2	0.054 9	0.053 8	0.053 3	1.90×10^{-3}	1.98<2.776
转基因青果种子	0.054 1	0.058 4	0.057 6	0.056 7	2.29×10^{-3}	
非转基因青果果肉	0.002 2	0.002 1	0.001 1	0.001 8	6.08×10^{-4}	0.245<2.776
转基因青果果肉	0.002 3	0.001 8	0.001 6	0.001 9	3.61×10^{-4}	
非转基因熟果种子	0.038 0	0.045 0	0.037 0	0.040 0	4.36×10^{-3}	1.29<2.776
转基因熟果种子	0.043 6	0.043 9	0.042 4	0.043 3	7.94×10^{-4}	
非转基因熟果果肉	0.000 5	0.000 8	0.001 1	0.000 8	3.00×10^{-4}	0.74<2.776
转基因熟果果肉	0.000 7	0.000 9	0.001 4	0.001 0	3.61×10^{-4}	

注：df=2时，t（2，0.05）=2.776

（二）夏威夷转基因番木瓜

夏威夷研发团队对转基因和非转基因番木瓜3个不同时期的番木瓜蛋白酶和BITC的含量进行了测定（Tripathi et al.，2011），结果见表5.7。在番木瓜蛋白酶方面，除成熟的绿果在转基因（Rb）和非转基因（Hyb）番木瓜品种中存在差异外，在全熟果中二者均不存在显著性差异。在BITC含量方面，番木瓜果实在未成熟绿色阶段通常比成熟果含有更高的BITC。Rb和Hyb果的每个样品的BITC量分别介于0.014~0.084mg和0.010~0.150mg/100g鲜果之间，其平均值为0.040~0.060mg/100g鲜果。统计分析表明，BITC量在转基因和非转基因的番木瓜果中没有显著不同（$P<0.05$）。这表明BITC量在Rb果里未被转基因所改变，与其他番木瓜果中的含量相当。在开始变色的绿熟果和全成熟果之间BITC水平的变化无统计学区别（$P<0.05$），这与其他发表的报告的结果是一致的（Robertset al.，2008；Tang，1971；Tang et al.，1983）。需要指出的是，成熟的Rb果中异硫氰酸盐的浓度比其他许多作物，如甘蓝型油菜，报告的值低约1 000倍（Josefsson，1967），且番木瓜作为水果长期被人们所消费，至今为止，尚未见因食用番木瓜转基因和非转基因果而导致的食品安全性问题。

表5.7　转基因的'彩虹'（Rb）和非转基因杂交系列（Hyb）木瓜蛋白酶和BITC的含量ᶻ

含量（mg/100g鲜果）	测试的木瓜品种和果实成熟阶段					
	成熟绿果		树下熟果		树上熟果	
	转基因（Rb）	非转基因（Hyb）	转基因（Rb）	非转基因（Hyb）	转基因（Rb）	非转基因（Hyb）
木瓜蛋白酶	8.60 ± 1.06a	6.41 ± 0.24b	5.86 ± 0.18b	5.55 ± 0.34b	5.81 ± 0.09b	5.43 ± 0.22b
苄基异硫氰酸（BITC）	0.040 ± 0.03a	0.056 ± 0.04a	0.041 ± 0.02a	0.042 ± 0.02a	0.061 ± 0.02a	0.057 ± 0.06a

注：①z表中显示的值是32个木瓜果实组成的4个复合样品的平均值，平均值±SD。所有的值都是基于鲜重

②根据Tukey HSD的平均分离试验，在a=0.05的水平上，平均值在同一行里如标有相同的字母则没有显著不同

第六章　转基因番木瓜的产业化和消费

番木瓜环斑病毒是番木瓜生产上最主要的病害，长期以来严重阻碍了番木瓜产业的发展。转基因番木瓜的问世，彻底解决了番木瓜生产上这一病害问题。目前上市的转基因番木瓜只有夏威夷的转番木瓜环斑病毒（PRSV）的衣壳蛋白基因（*cp*）的'日升'和'彩虹'两个品种以及中国的转PRSV复制酶基因（*rep*）的'华农1号'品种。下面以这两个转基因类型为例，分别介绍其安全性评价的审批过程、产业化和消费状况。

第一节　美国转基因番木瓜

番木瓜环斑病毒（PRSV）于1992年5月在夏威夷岛普纳区发现，该地区种植了95%的夏威夷番木瓜。此后，PRSV病毒在普纳区迅速传播，致使夏威夷番木瓜产业于1994年因PRSV的严重侵染而陷入危机。幸运的是，来自夏威夷大学、美国农业部农业研究中心和康奈尔大学的科学家们积极研制能够抵御PRSV的转基因番木瓜。1991年，研究人员利用非转基因受体番木瓜品种'日落'，成功研制出能够表达夏威夷PRSV株系HA 5-1的*cp*基因的番木瓜品系55-1，该品系表现高抗夏威夷的PRSV。1995年通过自交和杂交，55-1衍生出两个商业栽培品种'日升'和'彩虹'。'日升'是*cp*转基因纯合子品系55-1，'彩虹'是'日升'与非转基因品种'Kapoho'杂交的第一代杂交种。'Kapoho'是1992年PRSV暴发前普纳区的主栽品种。

一、安全性审批过程

在1995年年底，'彩虹'和'日升'进行了模拟商业化生产的大规模田间试验（Gonsalves，1998）。试验结果清楚表明，在非转基因品种'日落'和'Kapoho'100%发病的情况下，这两个转基因品种均高抗PRSV，在田间整个生育期都没有显示任何病毒病症状，其果实产量和品质优异。从1992年开始，研发团队在获得品系55-1定性和定量的安全性评价的实验数据后，向美国农业部/动植物卫生检验署（USDA/APHIS）、环境保护局（EPA）及食品和药品管理局（FDA）提交了解除转基因番木瓜55-1管制的申请书。在1997年年底，转基因品系55-1获得上述3个美国相关政府机构的审批同意，完全解除了对转基因番木瓜品系55-1以及相关杂交等衍生品种的种植、销售和食用管制。

二、田间种植及监管状况

在获得美国政府管制解除后，夏威夷转基因'彩虹'和'日升'两个品种，从1998年开始在夏威夷进行商业化种植。自2002年起至今，转基因番木瓜的种植面积和产量分别占夏威夷番木瓜种植面积和产量的85%以上，其生产的番木瓜果供应整个美国消费市场。

自1998年开始商品化生产以来，夏威夷研发团队对转基因番木瓜进行了长时间跟踪监测（1998—2017年）。时至今日，转基因番木瓜已在夏威夷推广种植达20年，尚未观察到有任何失去对PRSV抗性的现象，表明其抗病性持续和稳定。从园艺性状来看，转基因番木瓜具有优异的园艺特性，不仅产量高，而且品质好。从对环境的影响看，迄今尚未发现对生态环境产生任何不利的影响。

三、出口审批和消费状况

为了扩大夏威夷转基因番木瓜果品的销路，夏威夷研发团队于2000年开始分别向加拿大和日本政府申请解除限制夏威夷转基因番木瓜果实出口的管制。在2003年和2011年，加拿大和日本政府分别经过严格评估后认为，该夏威夷生产的转基因番木瓜对消费者食用和环境安全性没有不良影响，为此先后各自均解除了对其本国的进口限制。此后，大量夏威夷生产的转基因番木瓜果实出口到加拿大和日本市场消费。由于加拿大和日本都不生产番木瓜，因而在两国市场上供消费食用的番木瓜果基本上都是夏威夷生产的转基因番木瓜。

第二节　我国转基因番木瓜

番木瓜在中国主要种植于华南地区，而华南地区PRSV存在至少4个病毒株系（Ys，Vb，Sm和Lc），其中Ys是优势株系（蔡建和和范怀忠，1994）。华南农业大学研发团队（Li et al.，2000，Ye & Li，2010）将Ys的复制酶基因（rep）转入到华南地区番木瓜当地主栽品种'园优1号'，在1998年12月获得了基因转化的转化体。其后分别进行了抗病性、园艺性状、遗传特征等系列研究。在1999年获得高抗优良自交单株（园45）后，开始进行自交和与不同类型的番木瓜品种，如'台农5号''夏威夷5号'等品种的杂交试验；在2000年获得优良自交单株Trp-6，2001年获得基因纯合单株Trp-6-2，后命名该品系为'华农1号'。

一、安全性审批过程

自1998年获得转基因番木瓜转化体后，华南农业大学研发团队就开始进行安全性评价试验以及相关产业化的政府审批的申报工作。分别于2000年6月30日获准［农基安审字2000A-01-22］进行"抗环斑病毒转基因番木瓜华农1号在广东的中间试验"；于2001年12月15日获准［农基安审字2001B-01-049］进行"抗环斑病毒转基因番木瓜华农1号在广东省的环境释放"；于2005年7月20日获准［农基安审字（2005）第27号］进行"转番木瓜环斑病毒复制酶基因番木瓜华农1号在广东省的生产性试验"。在完成生产性试验安全评价后，于2006年7月20日获得了"转番木瓜环斑病毒复制酶基因的番木瓜华农1号在广东省应用的安全证书"［农基安证字（2006）第001号］；在广东省生产应用4年后，于2010年9月6日获得了"转番木瓜环斑病毒复制酶基因的番木瓜华农1号在华南地区生产应用的安全证书"［农基安证字（2010）第056号］。于2015年12月31日进行续申请，进而获得"转番木瓜环斑病毒复制酶基因的番木瓜华农1号在华南地区生产应用的安全证书"［农基安证字（2015）第026号］。

二、田间种植和监管状况

（一）田间种植情况

自'华农1号'于2006年获得在广东省生产应用的安全证书后，由于其抗病、高产和优质的卓越特性，且在种植期间不必喷洒杀虫剂等农药而杀虫防病，从源头上大大减少了农药残留污染和节省种植成本，因而'华农1号'一经推出便广受种植户欢迎。在广东省的种植面积自2006年开始逐年扩大，其常年种植面积维持在2 000hm²，最高年份达4 000hm²。在2010年后，其种植面积占广东番木瓜整个种植面积的85%以上，商品产量占95%以上。自2010年'华农1号'获得在华南地区应用的安全证书后，种植范围迅速从广东省扩大到海南、广西、云南和福建等省份，在2016—2018年间，常年种植面积超过8 000hm²，最高年份曾达15 000hm²，商品果产量占整个番木瓜销售的90%以上。转基因番木瓜的种植，极大地促进了番木瓜产业的发展。

（二）转基因研发及种植监管法规和办法

我国是转基因作物研发、种植和监管最严格的国家之一。自从转基因作物诞生以来，我国基于转基因作物的受体作物特性、分子特征、环境安全和食品安全等问题，已形成一套符合我国国情并与国际惯例相衔接的严厉监管措施，并取得了显著成效。

1. 拥有完备的法律法规

1996年农业部发布了《农业生物基因工程安全管理实施办法》，以便将基因操作技术获得的农业生物遗传工程体系纳入正规管理。为了加强农业转基因生物安全管理，保障人体健康和动植物、微生物安全，保护生态环境，促进农业转基因生物技术研究，2001年国务院颁布了《农业转基因生物安全管理条例》，对从事农业转基因生物的研究、试验、生产、加工、经营和进口、出口活动进行全过程安全管理。为了促进条例的颁布实施，加强对农业转基因生物安全评价、进出口贸易、标识管理、加工、经营的管理，农业部和国家质检总局先后制定了5个配套规章，分别是《农业转基因生物安全评价管理办法》《农业转基因生物进口安全管理办法》《农业转基因生物标识管理办法》《农业转基因生物加工审批办法》和《进出境转基因产品检验检疫管理办法》。

2. 监管机构的成立

为了贯彻《农业转基因生物安全管理条例》的顺畅执行，我国依法建立由农业、科技、卫生、食品、环保和检验检疫等部门组成的部际联席会议，负责商讨转基因的重大事宜。此外国家还专门组建了农业转基因生物安全管理办公室，以便指导全国范围内的农业转基因生物安全监管工作。根据属地化监管原则，各地方农业行政管理部门负责监管各属地农业转基因生物的品种审定、田间试验、种子生产经营和产品标识的行政执法工作。同时，当地政府的行政主管部门还应对本地农业转基因生物安全监管工作负责。

3. 具备严格的审批程序

我国农业转基因生物研究和产业化需要经过严格的审批程序。依据"实质等同性"原则，即农业转基因生物生产的产品与传统产品具备相同的实质，从分子特征、环境安全、食品安全等方面分别进行环境释放、生产性试验等安全性评价工作，申报单位必须严格按照要求通过安全审批程序。流程顺序大致为，申报单位提出书面申请，由本单位农业转基因生物小组审查及省级主管行政部门审核后向农业农村部提出行政许可申请，待农业农村部组织安全评审工作后予以审批、公示，已审批通过的单位在今后的工作还需当地农业机构继续进行监管。

（三）番木瓜种植监管

自2006年转基因番木瓜'华农1号'商品化生产以来，作为研发单位的华南农业大学和当地种植的省市县等农业行政主管部门，就严格遵照我国相应的管理法规对转基因番木瓜的生产和种植等开展了广泛的监管。

1. 种苗生产厂商的监管

为了有利于转基因番木瓜'华农1号'的监管，在当地农业部门领导下，华南农业大学研发团队选择1~2个设施条件好、生产规范、信誉良好、符合转基因植物种苗生产的厂家作为'华农1号'指定的种苗生产工厂，种苗生产厂家必须严格按照我国转基因种苗生产等相关规定，采用标准化生产程序生产种苗，并详细记载种苗生产数量和销售情况，随时接受华南农业大学研发团队、当地省市县农业部门的抽查和监管。

2. 种植区域监管

依据种苗销售情况，当地省市县农业部门和华南农业大学研发团队，在番木瓜生产季节定期到种植区域进行随机调查和抽样检测，明确转基因番木瓜种植区域、种植面积、生产情况以及果品销售情况等，并定期向农业农村部等相关部门汇报。

3. 转基因安全性评价监管

在种植区域监管的同时，华南农业大学研发团队对不同种植区域的转基因番木瓜进行了长期的安全性评价和试验研究。内容包括：转基因番木瓜植株体内、体外和土壤微生物种类及数量变化特征，土壤理化性质分析；植被和群落等生态环境分析；基因漂移检测；果品产量、质量以及果实各种成分等定期采样和分析，从而较为全面系统评估转基因番木瓜种植后对环境和食品安全性的影响。通过近10多年在广东、海南、广西和云南等省的调查结果均表明，转基因番木瓜的种植没有对环境和食品安全性导致不良影响。

值得提示的是，转基因番木瓜已作为果树种植和在市场上作为主要日常水果消费已有10多年历史，其消费区域包括国内（含香港和澳门）等广大区域。目前为止，尚未见任何因为转基因番木瓜的种植和食用而产生不利于健康的或安全事故的发生报道。

4. 抗性和遗传变异监测

自转基因番木瓜在大田种植开始，华南农业大学研发团队就系统开展了番木瓜的病虫害发生情况调查和跟踪，并定期对转基因番木瓜植株进行基因遗传和变异、基因表达等分析。10多年的结果表明，尽管部分番木瓜产区的PRSV病毒的株系发生了部分变异，但转基因番木瓜的基因和表达总体上没有发生大的变化，其对PRSV的抗性仍然是表现出高度的抗病性。

三、销售和消费状况

自2006年在广东、2010年在华南五省种植以来，转基因番木瓜由于其高度抗病性，且品质优良和产量高，因而一经推出就广受农民欢迎，其种植规模和面积逐年扩大。相比于传统的非转基因品种，转基因番木瓜以果形美观、品质优良、口感好、农药残留少且可连续种植多年等特点更具备竞争性。因而，短短的几年时间，其商品果产量已占整个番木瓜销售的90%以上，产生了极大的经济、社会和环境效益。

转基因番木瓜在我国主要用于鲜果消费，包括作为新鲜水果直接食用，作为蔬菜用于做色拉、炖煲、炖汤、炒菜等；同时，番木瓜果实还广泛应用于食品工业、医药和保健品领域，是生产多种天然生物酶的重要原材料。如食用木瓜蛋白酶，广泛作为食品添加剂；木瓜凝乳酶是治疗椎间盘突出病的特效药，且广泛应用于生化实验、食品、皮革和造纸等领域。近年美国、日本和我国等已制成木瓜美容护肤等系列产品，很受消费者欢迎。随着科技的发展，人民生活水平的提高，对番木瓜这一"岭南佳果"优良绿色食品和工业、医药等天然原材料的需求量将会明显增加，前景广阔。

REFERENCE / 主要参考文献

蔡建和，范怀忠. 华南番木瓜病毒病及环斑病毒株系的调查鉴定[J]. 华南农业大学学
　　报，1994，04：13-17.

蔡文惠. 木瓜接种不同轮点病毒系统后的反应[D]. National Taiwan University
　　Department of Horticulture. 中国台湾国立大学学位论文. 1995.

陈飞，刘阳，邢福国. 转基因食品的免疫安全性评价[J].食品科学，2012，33（9）：
　　296-299.

陈健. 番木瓜品种与栽培色彩图说[M]. 北京：中国农业出版社，2002.

冯黎霞，阮小蕾，周国辉，等. 转基因番木瓜抗病性及对土壤微生物的影响[J]. 云南农
　　业大学学报，2003，18（4）：46-47.

冯黎霞，阮小蕾，周国辉，等. 转基因番木瓜抗病性测定和纯合系的获得[J].仲恺农业
　　技术学院学报，2005，18（4）：12-15，20.

李华平，张曙光，饶雪琴，等. 抗病毒转基因番木瓜华农1号的安全性评价[C]//中国植
　　物病理学会2007年学术年会论文集. 2007.

李宁. 转基因食品的食用安全性评价[J]. 毒理学杂志，2005，19（2）：163-165.

李世访. 抗病毒转基因番木瓜及其安全性问题[J]. 植物保护，2011，06：59-63.

李向东，于晓庆，古勤生，等. 马铃薯 Y 病毒属病毒基因功能研究进展[J]. 山东科学
　　2006，19：1-6.

廖奕晴，台湾木瓜轮点病毒系统之变异与鉴别及快速侦测[D]. 台湾大学植物病理与微
　　生物学研究所学位论文，2004，1-107.

凌兴汉，吴显荣.木瓜蛋白酶与番木瓜栽培[M]. 北京：中国农业出版社，1998.

刘思，沈文涛，黎小瑛，等. 番木瓜的营养保健价值与产品开发[J]. 广东农业科学.
　　2007（02）：68-69，70.

饶雪琴，李华平. 转基因番木瓜研究进展[J]. 中国生物工程杂志，2004，06：38-42.

阮小蕾，侯燕，李华平. 转PRSV复制酶基因番木瓜食品安全性的初步评价[J].华中农业大学学报，2010，29（3）：381-386.

阮小蕾，李华平，周国辉. 转PRSV复制酶基因T2代番木瓜植株的抗病性测定[J].华南农业大学学报，2004，25（4）：12-15.

阮小蕾，王加峰，李华平. VIGS介导的转复制酶基因番木瓜对PRSV的抗性[J]. 华中农业大学学报，2009，28（4）：418-422.

阮小蕾，周国辉，饶雪琴，等. 转PRSV复制酶基因番木瓜的抗病性测定[J]. 福建农业大学学报，2001，30（增刊）：218-221.

沈平，黄昆仑. 国际转基因生物食用安全检测及其标准化[M]. 北京：中国物资出版社，2010.

宋欢，王坤立，许文涛，等. 转基因食品安全性评价研究进展[J]. 食品科学，2014，3（15）：295-303.

庹德财. 番木瓜畸形花叶病毒检测鉴定及侵染性克隆构建与应用[D]. 海南大学学位论文. 2015.

王惠亮，王金池，邱人彰. 台湾木瓜轮点病之蚜虫媒介研究[J]. 植保会刊，1981，23：229-233.

王向阳. 侵染番木瓜和胜红蓟的双生病毒研究[D]. 浙江大学学位论文. 2004.

王永辰，沈文涛，王树昌，等. 海南番木瓜花叶病毒全长cDNA克隆及序列分析[J]. 热带作物学报，2013，34：297-300.

魏军亚，刘德兵，陈业渊，等. 花粉管通道法介导PRSV-cp基因dsRNA转化番木瓜[J]. 西北植物学报，2008，11：2159-2163.

吴遵耀，郭林榕，熊月明. 番木瓜生产现状及发展对策[J]. 福建农业科技，2007（03）：88-90.

徐茂军. 转基因植物中卡那霉素抗性（Kanr）标记基因的生物安全性[J]. 生物学通报，2001，36（2）：18-19.

杨连珍，韦家少. 世界番木瓜生产与发展分析[J]. 中国热带农业，2005（06）：18-20.

杨培生，钟思现，杜中军，等. 我国番木瓜产业发展现状和主要问题[J]. 中国热带农业，2007（04）：8-9.

叶橘泉. 现代实用中药[M]. 上海：上海科学技术出版社，1959.

叶长明，陈谷，黄俊潮，等. 番木瓜环斑病毒复制酶基因的克隆和序列分析[J]. 中山大学学报（自然科学版），1996，06：126-128.

叶长明，魏祥东，陈东红，等. 转基因番木瓜的抗病性及分子鉴定[J]. 遗传，2003，02：181-184.

张海东，胡小婵. 世界番木瓜科研发展现状研究[J]. 世界农业，2013（11）：24-27.

张玉川，陈绍宁，梁颖，等. 吊瓜上木瓜畸形花叶病毒的初步研究[J]. 中国科技论文在线，2010.

周鹏，彭明. 番木瓜种植管理与开发应用[M]. 北京：中国农业出版社，2008.

周鹏，沈文涛，言普，等. 我国番木瓜产业发展的关键问题及对策[J]. 热带生物学报，2010（03）：257-260，264.

周鹏，郑学勤. 根癌农杆菌介导的环斑病毒外壳蛋白基因转化番木瓜的研究[J]. 热带作物学报，1993，14（2）：71-78.

周鹏，郑学勤. PRSV-CP转基因番木瓜表达与抗病能力关系的研究[J]. 热带作物学报，1996，02：77-83.

周鹏，郑学勤. PRSV-外壳蛋白基因在转基因番木瓜中的表达[J]. 热带作物学报，1995，S1：36-39.

周鹏，郑学勤. 根癌农杆菌介导的环斑病毒外壳蛋白基因转化番木瓜的研究[J]. 热带作物学报，1993，02：71-77.

Abel P P，Nelson R S，De B，et al. Delay of disease development in transgenic plants that express the *tobacco mosaic virus* coat protein gene[J]. Science，1986，232（4751）：738-743.

Abreu P M，Antunes T F，Magana-Alvarez A，et al. A current overview of the Papaya meleira virus, an unusual plant virus[J]. Viruses，2015，7：1853-1870.

Adsuar J. Studies on virus diseases of papaya （*Carica papaya*）in Puerto Rico. I. Transmission of papaya mosaic[R]. Technical Papers. Porto Rico Agricultural Experiment Station，Insular Station，Rio Piedras. 1946.

Amaral P P，Resende R O，Júnior M T S. *Papaya lethal yellowing virus* （PLYV）Infects *Vasconcellea cauliflora*[J]. Fitopatol. Bras. 2006，31：517-517.

Bateson M F，Henderson J，Chaleeprom W，et al. Papaya ringspot potyvirus：isolate variability and the origin of PRSV type P （Australia）[J]. Journal of general virology，1994，75：3 547-3 553.

Bayot R，Villegas V，Magdalita P，et al. Seed transmissibility of *papaya ringspot virus*[J]. Philipp J Crop Sci，1990，15：107-111.

Breman L. Papaya mosaic *Potexvirus* in Portulaca spp[R]. Fla. Department Agric. & Consumer Services，Division of Plant Industry，1997.

Brunt A，Phillips S，Jones R，et al. Viruses detected in *Ullucus tuberosus* （Basellaceae）from Peru and Bolivia[J]. Ann. Appl. Biol. 1982，101：65-71.

Cabrera-Ponce J L，Vegas-Garcia A，Herrera-Estrella L. Herbicide resistant transgenic papaya plants produced by an efficient particle bombardment transformation method[J]. Plant Cell *Rep*，1995，15（1-2）：1-7.

Chamberlain E E, Atkinson J D, Hunter J. Cross-protection between strains of *apple mosaic virus*[J]. N. Z. J. Agric. Res. , 1964, 7: 480-490.

Chan Y K. Breeding Papaya（*Carica papaya* L.) [M], In: Jain, S.M., Priyadarshan, P.M. （Eds.）, Breeding plantation tree crops: Tropical species. Springer New York, 2009, pp. 121-159.

Chang LS, Lee Y S, Su H J, et al. First report of *Papaya leaf curl virus* infecting papaya plants in Taiwan[J]. Plant Dis. , 2003, 87: 204-204.

Cheng Y H, Yang J S, Yeh S D. Efficient transformation of papaya by coat protein gene of *papaya ringspot virus* mediated by *Agrobacterium* following liquid-phase wounding of embryogenic tissues with caborundum[J]. Plant Cell *Rep*, 1996, 16 （3-4）: 127-132.

Ciuffo M, Turina M. A *potexvirus* related to *Papaya mosaic virus* isolated from moss rose（*Portulaca grandiflora*）in Italy[J]. Plant Pathol. , 2004, 53: 515-515.

Conover R A. Distortion ringspot, a severe virus disease of papaya in Florida[R], Proc. Fla. State Hort. Soc, 1964, pp. 440-444.

Cook A A. Virus diseases of papaya[R]. Technical Bulletin, Institute of Food and Agricultural Sciences, Florida Agricultural Experiment Stations , 1972.

Cruz F C S, Tanada J M , Elvira P R V, et al. Detection of mixed virus infection with *Papaya ringspot virus*（PRSV）in papaya（*Carica papaya* L.）grown in Luzon[J], Philippines. Philipp J Crop Sci , 2009, 34: 62-74.

De Bokx J. Hosts and electron microscopy of two papaya viruses[J]. Plant Disease Reporter , 1965, 49: 742-746.

FAO/WHO. Evaluation of allergenicity of genetically modified foods. Report of a joint FAO/WHO expert consultation on allergenicity of foods derived from biotechnology[R]. Food and Agriculture Organization of the United Nations. 2001, 27.

FDA. Secondary direct food additives permitted in food for human consumption, food additives, permitted in feed and drinking water of animals, aminoglyciside 3'-phosphotransferase II[R]. Federal Register, 1994（59）: 26 700-26 711.

Fermin G, Keith R, Suzuki J. et al. Allergenicity assessment of the *papaya ringspot virus* coat protein expressed in transgenic Rainbow papaya[J]. Journal of Agricultural and Food Chemistry, 2011, 59: 10 006-10 012.

Fermin G A, Castro L T, Tennant P F. CP-transgenic and non-transgenic approaches for the control of papaya ringspot current situation and challenges[J]. Transgenic Plant Journal , 2010, 4: 1-15.

Ferreira S A, Pitz KY, Manshardt R, et al. Virus coat protein transgenic papaya provides practical control of *papaya ringspot virus* in Hawaii[J]. Plant Dis. 2002, 86: 101-105.

Ferwerda-Licha M. Mixed infection of *papaya ringspot virus*, *zucchini yellow mosaic virus* and papaya bunchy top affecting papaya (*Carica papaya* L.) in Puerto Rico[J]. Phytopathology, 2002, 92: S25, E.

Fitch M M, Manshardt R M. Somatic embryogenesis and plant regeneration from immature zygotic embryos of papaya (*Carica papaya* L.) [J]. Plant Cell *Rep*, 1990, 9 (6): 320-324.

Fitch M M, Manshardt R M, Gonsalves D, et al. Transgenic papaya plants from *Agrobacterium*-mediated transformation of somatic embryos[J]. Plant Cell *Rep*, 1993, 12 (5): 245-249.

Fitch M M, Manshardt R M, Gonsalves D, et al. Stable transformation of papaya via microprojectile bombardment[J]. Plant Cell *Rep*, 1990, 9 (4): 189-194.

Fitch M M, Manshardt R M, Gonsalves D, et al. Virus resistant papaya plants derived from tissues bombarded with the coat protein gene of *papaya ringspot virus*[J]. Biotechnology, 1992, 10: 1 466-1 472.

Fuchs M, Gonsalves D. Safety of virus-resistant transgenic plants two decades after their introduction: lessons from realistic field risk assessment studies[J]. Ann. Rev. of Phytopathol., 2007, 45: 173-202.

Fuchs R L, Ream J E, Hammond B G, et al. Safety assessment of the neomycin phosphotransferase II (NPTII) protein[J]. Bio/Technology, 1993, 11: 1543-1547.

Geering A, Thomas J Characterization of a virus from Australia that is closely related to papaya mosaic *potexvirus*[J]. Arch. Virol., 1999, 144: 577-592.

Gonsalves D, Gonsalves C, Carr J, et al. Assaying for pollen drift from transgenic 'Rainbow' to nontransgenic 'Kapoho' papaya under commercial and experimental field conditions in Hawaii[J]. Tropical Plant Biology, 2011, 5: 153-160.

Gonsalves D. Control of *papaya ringspot virus* in papaya: A case study[J]. Annu. Rev. Phytopathol., 1998, 36: 415-437.

Gonsalves D, Ishii M. Purification and serology of *papaya ringspot virus*[J]. Phytopathology, 1980, 70: 1 028.

Gonsalves D, Trujillo E E. *Tomato spotted wilt virus* in papaya and detection of the virus by ELISA[J]. Plant Dis., 1986, 70: 501-506.

Gracia O, Koenig R, Lesemann D. Properties and classification of a *potexvirus* isolated from three plant species in Argentina[J]. Phytopathology, 1983, 73: 1 488-1 492.

Grant T J, Costa A. A mild strain of the tristeza virus of citrus[J]. Phytopathology, 1951, 41: 114-122.

Guo T, Guo Q, Cui X Y, et al. Comparison of transmission of Papaya leaf curl China virus among four cryptic species of the whitefly *Bemisia tabaci* complex[J]. Sci. *Rep*., 2015, 5: 15 432.

Hernandez R, Suazo M, Toledo P. The papaya apical necrosis virus, a new viral disease in Villa Clara, Cuba[J]. Ciencia y Tecnica en la Agricultura. Proteccion de Plantas, 1990, 13: 29-36.

Hsieh Y, Pan T. Influence of planting papaya ringspot virus resistant transgenic papaya on soil microbial biodiversity[J]. Journal of Agricultural and Food Chemistry, 2006, 54: 130-137.

Huang J, Zhou X. First report of Papaya leaf curl China virus infecting *Corchoropsis timentosa* in China[J]. Plant Pathol., 2006, 55: 291-291.

Jensen D D. *Papaya ringspot virus* and its insect vector relationships[J]. Phytopathology, 1949a, 39: 212-220.

Jensen D D. Papaya virus diseases with special reference to papaya ringspot[J]. Phytopathology, 1949b, 39: 191-211.

Jiang L, Maoka T, Komori S, et al. An efficient method for sonication assisted agrobacteium-mediated transformation of coat protein (cp) coding genes into papaya (*carica papaya* L.) 实验生物学报, 2004, (3): 189-198 (英文).

Kawano S, Yonaha T. The occurrence of *papaya leaf-distortion mosaic virus* in Okinawa[R]. Technical Bulletin of FFTC, 1992, 132: 13-23.

Khurana S. Effect of virus diseases on the latex and sugar contents of Papaya fruits[J]. J. Hortic. Sci., 1970, 45: 295-297.

Kiritani K, Su H J. Papaya ring spot, banana bunchy top, and citrus greening in the Asia and Pacific region: occurrence and control strategy[J]. Japan Agricultural Research Quarterly, 1999, 33: 23-30.

Kung Y J, Bau H J, Wu Y L, et al. Generation of transgenic papaya with double resistance to *Papaya ringspot virus* and *Papaya leaf-distortion mosaic virus*[J]. Phytopathology, 2009, 99: 1 312-1 320.

Kunkel L O. Studies on acquired immunity with tobacco and aucuba mosaics[J]. Phytopathology, 1934, 24: 437-466.

Lastra R, Quintero E. Papaya Apical Necrosis, a New disease associated with a

Rhabdovirus[J]. Plant Dis. , 1981, 65: 439.

Li Huaping, Zhou Guohui, Ruan Xiaolei. Transgenic papaya plants resistant to *papaya ringspot virus*[C]. The 1st Asian Conference on Plant Patnology, 2000, Beijing, China. p126.

Lima J A A, Nascimento A K Q, Lima R C A, et al. Papaya lethal yellowing virus[R]. The Plant Health Instructor , 2013.

Lin C Y, Liou P C, Wang C L, et al. Assessment of ecological and environmental safety of transgenic papaya lines resistant to *papaya ringspot virus*[J]. Journal of the Agricultural Association of China, 2004. 5: 374-392.

Lin F C, Lee C Y, Wang C L, et al. Assessment of environmental risk of transgenic *papaya ringspot virus* resistant papaya on insects and mites[J]. Journal of Taiwan Agriculture and Research, 2006.55. http: //www.tari.gov.tw/tarie/modules/icontent/ index.php? page = 194.

Lu Y W, Shen W T, Zhou P, et al. Complete genomic sequence of a *Papaya ringspot virus* isolate from Hainan Island, China[J]. Arch. Virol. , 2008, 153: 991-993.

Mangrauthia S K, Shakya V P S, Jain R, et al. Ambient temperature perception in papaya for *papaya ringspot virus* interaction[J]. Virus Genes, 2009, 38: 429-434.

Maoka T, Hataya T. The complete nucleotide sequence and biotype variability of *papaya leaf distortion mosaic virus*[J]. Phytopathology, 2005, 95: 128-135.

Maoka T, Kashiwazaki S, Tsuda S, et al. Nucleotide sequence of the capsid protein gene of *papaya leaf-distortion mosaic* potyvirus[J]. Arch. Virol. , 1996, 141: 197-204.

Maoka T, Kawano S, Usugi T. Occurrence of the P strain of *papaya ringspot virus* in Japan[J]. Ann. Phytopathol. Soc. Japan , 1995, 61: 34-37.

McKinney H H. Mosaic diseases in the Canary Islands, West Africa and Gibraltar[J]. Journal of Agricultural Research , 1929, 39: 577-578.

McMillan Jr R, Gonsalves D. Effectiveness of cross-protection by a mild mutant of *papaya ringspot virus* for control of ringspot disease of papaya in Florida[C], Proceedings of the annual meeting of the Florida State Horticulture Society （USA）. 1988.

Ming R, Hou S, Feng Y et al. The draft genome of the transgenic tropical fruit tree papaya （*Carica papaya* Linnaeus）[J]. Nature, 2008, 452（7190）: 991-996.

Nadeem A, Mehmood T, Tahir M, et al. First report of papaya leaf curl disease in Pakistan[J]. Plant Dis. 1997, 81: 1 333-1 333.

Noa-Carrazana J, González-de-León D, Ruiz-Castro B S, et al. Distribution of *papaya ringspot virus* and *papaya mosaic virus* in papaya plants （*Carica papaya*）in Mexico[J]. Plant Dis. , 2006, 90: 1 004-1 011.

Noa-Carrazana J, Silva-Rosales L. First report of a Mexican isolate of *papaya mosaic virus* in papaya （*Carica papaya*） and pumpkin （*Cucurbita pepo*） [J]. Plant Dis., 2001, 85: 558-558.

Pereira A J, Alfenas-Zerbini P, Cascardo R S, et al. Analysis of the full-length genome sequence of *papaya lethal yellowing virus* （PLYV）, determined by deep sequencing, confirms its classification in the genus *Sobemovirus*[J]. Arch. Virol. , 2012, 157: 2 009-2 011.

Perez-Brito D. First report of papaya meleira virus （PMeV） in Mexico[J]. African Journal of Biotechnology , 2012, 11.

Phillips S, Brunt A, Beczner L. The recognition of" boussingaultia mosaic virus" as a strain of *papaya mosaic virus*[C], VI International Symposium on Virus Diseases of Ornamental Plants , 1984, 164: 379-384.

Powell M, Wheatley A Q, Omoruyl F, et al. Comparative effects of dietary administered transgenic and conventional papaya on selected intestinal parameters in rat models[J]. Transgenic Research, 2010, 19: 511-518.

Powell M, Wheatley A, Omoruyi F, et al. Effects of subchronic exposure to transgenic papayas *Carica papaya* L. on liver and kidney enzymes and lipid parameters in rats[J]. Journal of the Science of Food and Agriculture, 2008, 88: 2 638-2 647.

Pramesh D, Mandal B, Phaneendra C, et al. Host range and genetic diversity of *croton yellow vein mosaic virus*, a weed-infecting monopartite *begomovirus* causing leaf curl disease in tomato[J]. Arch. Virol. , 2013, 158: 531-542.

Purcifull D, Adlerz W, Simone G, et al. Serological relationships and partial characterization of *zucchini yellow mosaic virus* isolated from squash in Florida[J]. Plant Dis. , 1984, 68: 230-233.

Purcifull D, Hiebert E. *Papaya mosaic virus*. CMI/AAB Descriptions of Plant Viruses[R], 1971, 56, 4.

Purcifull D, Simone G, Hiebert E, et al. Some properties of a possible *potexvirus* isolated from *Trichosanthes dioica* （Cucurbitaceae） in Florida[J]. Phytopathology, 1999, 89: 562.

Rajapakse R, Herath H. Host susceptibility of the *papaya mosaic virus* in Sri Lanka[J]. Beitr. Trop. Landwirtsch. Veterinarmed. , 1980, 19: 429-432.

Ramessar K, Peremarti A, Gomez-Galera S, et al. Biosafety and risk assessment framework for selectable marker genes in transgenic crop plants: A case of the science not supporting the politics[J]. Transgenic Res., 2007, 16, （3）: 261-280.

Rao X Q, Li Y Y, Ruan X L, et al. Variation of neomycin phosphotransferase II marker gene in transgenic papaya plants under field cultivation[J]. Food Biotechnology, 2012, 26: 293-306.

Rowhani A, Peterson J. Characterization of a flexuous rod-shaped virus from Plantago[J]. Can J Plant Pathol , 1980, 2: 12-18.

Sakuanrungrsirikul S, Sarindu N, Prasartsee V, et al. Update on the development of virus-resistant papaya: virus-resistant transgenic papaya for people in rural communities of Thailand[J]. Food and Nutrition Bulletin, 2005, 26: 422-426.

Sanford J, Johnston S. The concept of parasite-derived resistance—Deriving resistance genes from the parasite' s own genome[J]. J. Theor. Biol. , 1985, 113: 395-405.

Shen W, Tuo D, Yang Y, et al. First report of mixed infection of *papaya ringspot virus* and *papaya leaf distortion mosaic virus* on *Carica papaya* L[J]. J. Plant Pathol, 2015, 96: S4. 121.

Silvio U I, Haenni A L, Bernardi F. *Potyvirus* proteins: a wealth of functions[J]. Virus Res. , 2001, 74: 157-175.

Singh-Pant P, Pant P, Mukherjee S K, et al. Spatial and temporal diversity of begomoviral complexes in papayas with leaf curl disease[J]. Arch. Virol. , 2012, 157: 1 217-1 232.

Stokstad E. Papaya takes on ringspot virus and wins[J]. Science, 2008, 320 （5875）: 472.

Suzuki J Y, Tripathi S, Fermin G A, et al. Characterization of insertion sites in Rainbow papaya, the first commercialized transgenic fruit crop[J]. Tropical Plant Biology , 2008, 1: 293-309.

Tang C S, Takenaka T. Quantitation of a bioactive metabolite in undistributed rhizosphere-benzyleisothiocynate from *Carica papaya* L[J]. Journal of Chemical Ecology, 1983, 9: 1 247-1 253.

Tang C S. Benzyl isothiocyanate of papaya fruit[J]. Phytochemistry, 1971. 10: 117-121.

Tapia-Tussell R, Magaña-Alvarez A, Cortes-Velazquez A, et al. Seed transmission of Papaya meleira virus in papaya （*Carica papaya*） cv. Maradol[J]. Plant Pathol., 2015, 64: 272-275.

Taylor D R. Virus diseases of *Carica papaya* in Africa — their distribution, importance, and control[R]. Plant virology in sub-Saharan Africa, 2000, 25-32.

Tecson Mendoza E M A, Botella J R. Recent advances in the development of transgenic papaya technolog[J]y. Biotechnol. Annu. Rev. , 2008, 14: 423-462.

Tennant P, Fermin G, Fitch M M, et al. Gonsalves D. *Papaya ringspot virus* resistance of transgenic Rainbow and SunUp is affected by gene dosage, plant development, and coat protein homology[J]. Eur. J. Plant Pathol., 2001, 107: 645-653.

Tripathi S, Suzuki J, Ferreira S. Gonsalves D. Nutritional composition of Rainbow papaya, the first commercialized transgenic fruit crop[J]. Journal of Food Composition and Analysis, 2011, 24: 140-147.

Tripathi S, Suzuki J Y, Ferreira S A, et al. *Papaya ringspot virus*-P: characteristics, pathogenicity, sequence variability and control[J]. Mol. Plant Pathol. , 2008, 9: 269-280.

Tuo D, Shen W, Yan P, et al. Complete genome sequence of an isolate of *papaya leaf distortion mosaic virus* from commercialized PRSV-resistant transgenic papaya in China[J]. Acta Virol. , 2013, 57: 452-455.

Tuo D, Shen W, Yang Y, et al. Development and validation of a multiplex reverse transcription PCR assay for simultaneous detection of three papaya viruses[J]. Viruses , 2014, 6: 3 893-3 906.

Ventura J A, Costa H, Tatagiba J D S. Papaya diseases and integrated control. In: Naqvi S A M H. (Ed.), Diseases of fruits and vegetables[M]. Kluwer Academic Publishers, Netherlands, 2004, pp. 201-268.

Von Wettstein D, Mikhaylenko G, Froseth J A, et al. Improved barley broiler feed with transgenic malt containing heat-stable (1,3-1,4) - β -glucanase[J]. Proceedings of the National Academy of Sciences of the United States of America, 2000, 97: 13 512-13 517.

Wan S H, Conover R A. A *rhabdovirus* associated with a new disease of Florida papayas[J]. Proc. Fla. State Hort. Soc. 1981, 94: 318-321.

Wan S-H, Conover R A. Incidence and distribution of papaya viruses in Southern Florida[J]. Plant Dis. , 1983, 67: 353-356.

Wang H, Yeh S, Chiu R, et al. Effectiveness of cross-protection by mild mutants of *papaya ringspot virus* for control of ringspot disease of papaya in Taiwan[J]. Plant Dis. , 1987, 71: 491-497.

Wang Y, Shen W, Wang S, et al. Complete genomic sequence of *Papaya mosaic virus* isolate from hainan island, China[J]. Chin J Trop Crops, 2013, 34: 297-300.

Wei F, Wing R A. A fruitful outcome to the papaya genome project[J]. Genome Biol ., 2008, 9 (6) : 227.

WHO. Health aspects of marker genes in genetically modified plants，Report of a WHO Workshop[R]. WHO Food Safety Unit，1993，WHO/FNU/FOS/93.6.

Yang J S，Yu T A，Cheng Y H，et al. Transgenic papaya plants from *Agrobacterium*-mediated transformation of petioles of in vitro propagated multishoots[J]. Plant Cell Rep.，1996，15（7）：459-464.

Ye Changming，Li Huaping. 20 Years of transgenic research in China for resistance to *Papaya ringspot virus*[J]. Transgenic Plant Journal，2010，4（Special Issue 1）：58-63.

Yeh S，Bau H，Cheng Y，et al. Greenhouse and field evaluations of coat-protein transgenic papaya resistant to *papaya ringspot virus*[C]，International Symposium on Biotechnology of Tropical and Subtropical Species Part 2 461，1997：321-328.

Yeh S，Gonsalves D. Evaluation of induced mutants of *papaya ringspot virus* for control by cross protection[J]. Phytopathology，1984，74：1 086-1 091.

Yeh S D，Gonsalves D，Wang H，et al. Control of *papaya ringspot virus* by cross protection[J]. Plant Dis. ，1988，72：375-380.

Yeh S D，Jan F J，Chiang C H，et al. Complete nucleotide sequence and genetic organization of *papaya ringspot virus* RNA[J]. The Journal of general virology，1992，73：2 531-2 541.

You B J，Chiang C H，Chen L F，et al. Engineered mild strains of *Papaya ringspot virus* for broader cross protection in Cucurbits[J]. Phytopathology，2005，95：533-540.

Zettle F，Edwardson J，Purcifull D. Ultramicroscopic differences in inclusions of *papaya mosaic virus* and *papaya ringspot virus* correlated with differential aphid transmission[J]. Phytopathology ，1968，58：332-335.

Zhang H，Ma X Y，Qian Y J，et al. Molecular characterization and infectivity of papaya leaf curl China virus infecting tomato in China[J]. J Zhejiang Univ Sci B ，2010，11：109-114.